微机实验指导书

吴影清　刘廷章　黄彬轲　编著

上海大学出版社

·上海·

图书在版编目(CIP)数据

微机实验指导书 / 吴影清,刘廷章,黄彬轲编著
. —上海:上海大学出版社,2019.11
ISBN 978 - 7 - 5671 - 3747 - 9

Ⅰ.①微… Ⅱ.①吴… ②刘… ③黄… Ⅲ.①微型计
算机—高等学校—教学参考资料 Ⅳ.①TP36

中国版本图书馆 CIP 数据核字(2019)第 252760 号

责任编辑　王悦生
封面设计　柯国富
技术编辑　金　鑫　钱宇坤

微机实验指导书

吴影清　刘廷章　黄彬轲　编著
上海大学出版社出版发行
(上海市上大路 99 号　邮政编码 200444)
(http://www. shupress. cn　发行热线 021 - 66135112)
出版人　戴骏豪

*

南京展望文化发展有限公司排版

上海华教印务有限公司印刷　　各地新华书店经销
开本:787mm×1092mm　1/16　印张 11.5　字数 245 千
2019 年 11 月第 1 版　2019 年 11 月第 1 次印刷
ISBN 978 - 7 - 5671 - 3747 - 9/TP·073　定价　38.00 元

前　　言

本书根据自动化类专业的微机实践教学大纲编写,可作为工科院校自动化类专业微机原理与接口技术课程的实验教材。

微机原理与接口技术课程是通信、电子、信息工程、自动化及相关专业的基础课程,也是学习和掌握计算机硬件基础知识、汇编语言程序设计及常用接口技术的入门课程,课程技术性、工程实践性强,在计算机硬件基础知识的学习过程中,起到由电路到系统承上启下的作用。微机原理与接口技术包含了微型计算机的基本组成、工作原理、指令系统及编程技术、微型计算机与外部存储器和外设的接口技术、典型接口芯片应用、接口芯片的驱动编程等内容,建立微机系统的整体概念,软硬兼顾,以软为主,建立面向微机硬件的应用软件编程能力。

本书作为微机原理与接口技术课程的实践环节,介绍了汇编语言程序调试的基本方法、硬件实验系统的组成和使用方法、计算机仿真软件及其应用、8086 指令编码的格式和用法,包含了汇编语言程序设计实验、8086/8088 系统硬件实验、计算机仿真实验。

全书共六章,具体内容如下。

第一章概括介绍全书。包含了微机实践的目的、方法与内容以及实验预习和实验报告的要求。

第二章为汇编语言程序设计实验。通过程序调试实验,介绍了 DEBUG 的基本使用方法,设计了 4 个基于汇编语言的程序设计实验。

第三章为硬件实验。包含了输入/输出接口芯片 74LS244 和 74LS245、可编程并行接口芯片 8255A、定时/计数器 8253、数模(D/A)转换器典型芯片 DAC0832、模数(A/D)转换器典型芯片 ADC0809、可编程中断控制器 8259A 共 7 个实验。

第四章为计算机仿真介绍。包含了 Proteus 和 Emu8086 软件的介绍、使用方法和应用实例,还包含了 Proteus 与 Emu8086 联合仿真方法,提供了 8086CPU 的仿真应用实例。

第五章为 Andon 系统仿真实验。介绍了 Andon 系统,并基于硬件实验箱和 Proteus 仿真软件设计了 Andon 系统模拟实验,提供了实验电路图及程序。

第六章为气缸控制实验。介绍了气缸、磁感应开关、电磁阀的工作方式及其应用,基于硬件实验箱和 Proteus 仿真软件设计了气缸控制实验,提供了实验电路图及程序。

附录中给出了 8086 指令的详细说明和实例、常用的 DEBUG 程序命令和硬件实验中所用到的实验箱及软件开发平台的说明。

本书由吴影清、刘廷章、黄彬轲编写。感谢上海大学机电工程与自动化学院自动化系、上海市电站自动化技术重点实验室、浙江省舟山市翔达机械有限公司的支持和帮助,感谢启东计算机总厂有限公司提供的有关实验箱的资料。

计算机技术发展日新月异,新技术层出不穷,我们在编写过程中已尽了最大的努力,由于编者水平和经验所限,书中不足和错误之处在所难免,恳请广大读者指正。

编著者

2019 年 10 月

目　录

第一章 概　述

第一节　微机实践的目的、方法与内容

微机原理课程是理工科院校相关专业的一门重要的专业基础课,是工科学生学习和掌握计算机硬件知识和汇编语言程序设计的入门课程。课程从应用角度出发,使学生在理论和实践上掌握微型计算机(以 8086/8088 为例)的体系结构、指令系统、汇编语言设计、外部存储器和外设的接口技术、典型接口芯片的应用、接口芯片的驱动编程,建立微机系统的整体概念,软硬件兼顾,培养学生软件的编程能力、芯片的应用能力和微机系统的构建能力。微机实践是微机原理课程之后的实践环节,在已有的微机原理理论基础和汇编语言的编程能力基础上,进一步熟悉微机原理课程中所学的内容,掌握汇编语言的编程能力和硬件的动手能力,为今后进行微机系统的设计与开发打好基础。

本书主要有以下几部分内容:

1. 汇编语言程序设计实验

8086/8088 汇编语言程序的特点之一就是采用了模块化结构,通常由一个主程序模块和多个子程序模块构成,一般的程序设计包含顺序、分支、循环和子程序设计四种基本方法。

这一部分共包含五个实验。第一个是程序调试实验,目的是熟悉汇编语言及学会应用 DEBUG 调试简单的程序。第二至第五个实验的目的是在掌握 DUBUG 调试的基础上,学会顺序、分支、循环、子程序类程序的设计方法,并编写相关程序进行调试。

2. 硬件实验

这一部分的实验内容,是在已有的微机原理理论基础和汇编语言的编程能力基础上,通过对实验装置中典型芯片的连接与编程,掌握硬件的动手能力和接口芯片的编程能力。硬件实验共有以下七个部分:

(1) 简单并行接口实验;

(2) 8255 可编程并行接口实验;

(3) 8253 定时器/计数器实验;

(4) D/A 转换器实验;

(5) A/D 转换器实验;

(6) 8259 中断控制实验(1);

（7）8259 中断控制实验(2)。

3．计算机仿真

计算机仿真实验构建合理且易于实现，并能够弥补物理实验仿真存在的缺陷。Proteus 仿真软件功能强大，且支持较多的外围设备，作为教学工具得到了广泛的使用。Proteus 中有 8086CPU 的模型，Emu8086 支持汇编语言的编写调试。这一部分将联合使用 Proteus 和 Emu8086 来完成基于 8086 的仿真实验。具体内容分为以下三个部分：

（1）Emu8086、Proteus 软件介绍及仿真实例；

（2）Andon 系统仿真实验；

（3）气缸控制仿真实验。

第二节 实 验 要 求

一、实验预习的要求

实验课与理论课不同,它的特点是学生们在教师的指导下自己动手,独立完成实验任务,所以预习尤其重要。预习的重点要放在以下几个方面:

(1) 熟悉实验平台及其使用方法;

(2) 熟悉相关芯片的基本用法;

(3) 硬件实验需绘制电路连线图;

(4) 画出程序框图并编写程序;

(5) 记录预习中出现的问题。

二、实验报告的要求

微机实践实验报告的撰写要包含以下几部分的内容:

(1) 实验名称;

(2) 实验目的;

(3) 实验内容;

(4) 电路连接;

(5) 芯片的使用方法;

(6) 程序框图;

(7) 实验编程(关键性指令带注释);

(8) 调试过程及心得体会;

(9) 实验思考题。

第二章　汇编语言程序设计实验

实验 2.1　程序调试实验

一、实验目的

（1）熟悉汇编语言程序的建立、执行及调试的过程及操作步骤。

（2）掌握 DEBUG 程序的功能，运用 DEBUG 调试简单的程序。

（3）掌握 8088 汇编语言基本指令的应用与简单编程。

二、实验内容

（1）编写汇编程序，生成 ASM 文件，编译文件并生成可执行文件。

（2）用 DEBUG 程序对可执行的 EXE 文件进行调试，观察程序运行过程及结果。

三、实验步骤

（1）开启 PC，运行于 DOS 状态。

点击 Windows 开始图标，在搜索框里输入 cmd 并回车。如图 2.1.1 所示。

图 2.1.1　进入 DOS 状态

（2）编写源程序，建立 ASM 文件。

例：编写一个程序，输出字符"2"。设源程序的文件名为 AAA。

```
CODE SEGMENT
    ASSUME CS:CODE
START:
    MOV DL,32H
```

```
        MOV AH,2H
        INT 21H
        MOV AH,4CH
        INT 21H
    CODE ENDS
    END START
```

在 DOS 提示符下，进入 MASM 所在的文件夹，然后键入指令" EDIT AAA. ASM ↙"，进入编辑状态。录入程序后，通过菜单栏保存文件，然后退出，返回 DOS 操作系统，得到 AAA. ASM。

（3）用 MASM 生成 OBJ 目标文件。

源文件建立后，要用汇编程序对源文件进行汇编，汇编后产生二进制目标文件（OBJ）文件。格式为：MASM ＜文件名＞[;]，在汇编之后的";"，是可选项。

在 DOS 提示符下键入指令" MASM AAA. ASM ↙"。此时屏幕状态如图 2.1.2 所示。

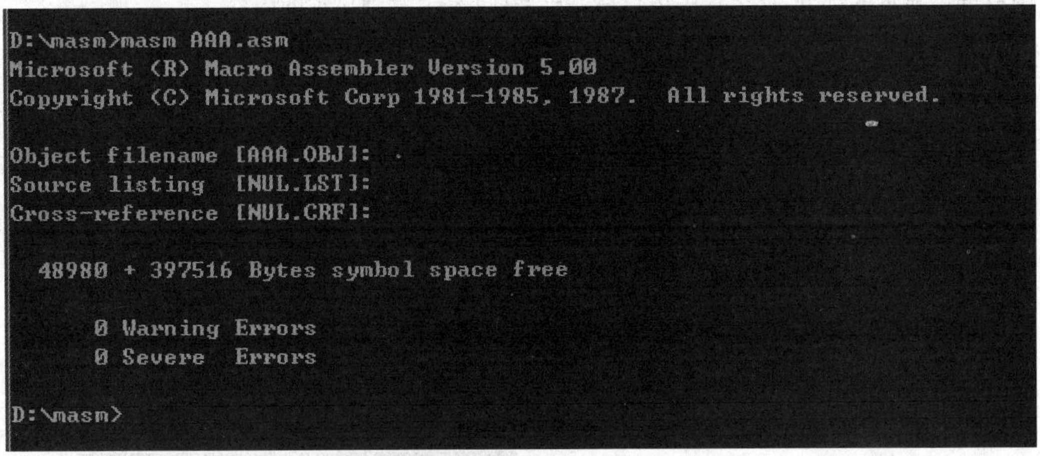

```
D:\masm>masm AAA.asm
Microsoft (R) Macro Assembler Version 5.00
Copyright (C) Microsoft Corp 1981-1985, 1987.  All rights reserved.

Object filename [AAA.OBJ]: .
Source listing  [NUL.LST]:
Cross-reference [NUL.CRF]:

  48980 + 397516 Bytes symbol space free

      0 Warning Errors
      0 Severe  Errors

D:\masm>
```

图 2.1.2　MASM 宏汇编程序工作窗口

显示信息的最后两行是错误提示，汇编程序会提示出错的源程序所在行及出错原因，用户可以根据提示的行数，在源程序中找出错误并改正。若存在 Warning Errors，可以忽略；若存在 Severe Errors，则一定要根据显示的出错信息重新调用编辑程序修改错误，直至汇编通过为止。

（4）用 LINK 程序生成 EXE 可执行文件。

汇编程序生成的二进制目标文件并不是可执行的文件，还必须使用连接程序（LINK）把 OBJ 文件转换为可执行的 EXE 文件。指令的格式为：LINK ＜文件名＞[;]。在使用连接程序时，是对以 OBJ 为后缀的文件进行操作。若省略扩展名，则系统会自动在当前目录中去查找有关的 OBJ 文件。

在 DOS 提示符下键入指令"link AAA. obj↙"。此时屏幕状态如图 2.1.3 所示。

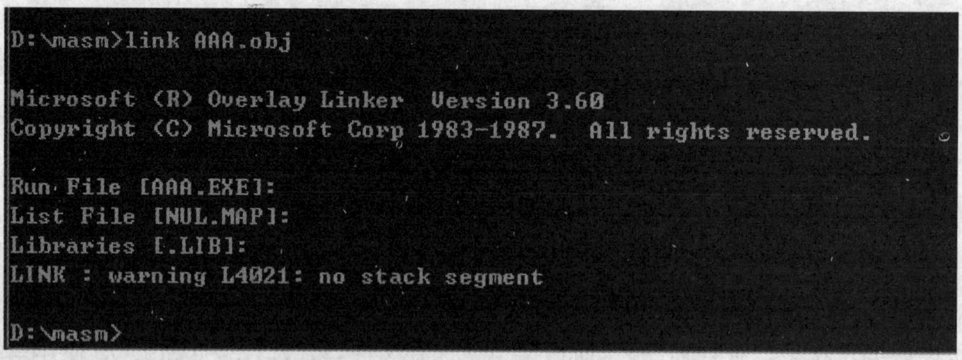

图 2.1.3　LINK 链接程序工作窗口

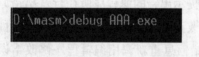

图 2.1.4　执行.EXE 文件

（5）执行程序。

输入文件名，可直接在 DOS 下执行程序。如图 2.1.4 所示。

程序运行结束就返回 DOS。如果用户程序中有屏幕显示的部分，那么程序运行后，就会在屏幕上看到显示的内容。

若一些程序执行错误，那么需要进行调试，来纠正程序执行中的错误，得到正确的结果，这就需要使用 DEBUG 来调试程序了。

（6）启动 DEBUG 程序并装入被调试文件。

启动 DEBUG，可直接在 DOS 下键入 DEBUG，输入汇编指令，也可在启动 DEBUG 程序的同时转入被调试的 EXE 文件，格式为：DEBUG［盘名：］［PATH］filename［. EXE］。

DOS 在调用 DEBUG 程序后，再由 DEBUG 把被调试文件装入内存。当被调试文件的扩展名为 COM 时，装入偏移量为 100H 的位置。当扩展名为 EXE 时，装入偏移量为 0 的位置，并建立程序前缀 PSP，为 CPU 寄存器设置初始值。DEBUG 程序装入被调试文件如图 2.1.5 所示。

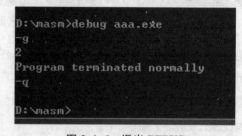

图 2.1.6　退出 DEBUG

图 2.1.5　DEBUG 调试程序

（7）退出 DEBUG。

调试结束后，在命令提示符"－"下键入 Q 命令，即可结束 DEBUG 运行，返回 DOS 系统，如图 2.1.6 所示。

（8）执行及调试程序。

在启动 DEBUG 程序后，使用 G 命令连续执行汇编程序，如图 2.1.7 所示，执行结果显示在屏幕上。

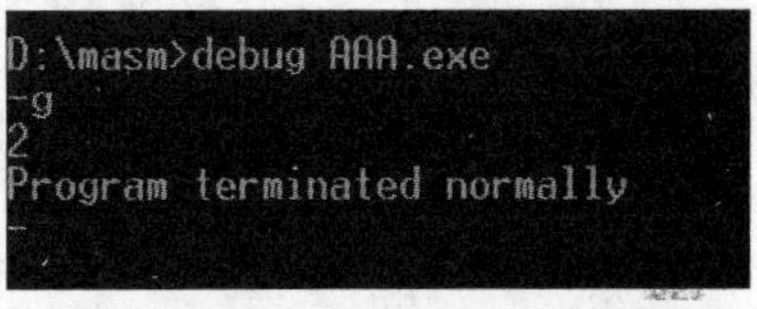

使用跟踪命令 T,单步执行指令,显示所有寄存器、状态标志位的内容和下一条要执行的指令。格式为 T[=<地址>][<条数>],默认从 CS:IP 开始执行程序,<条数>的缺省值是一条,也可指定执行若干条命令后停下来。如图 2.1.8 所示。

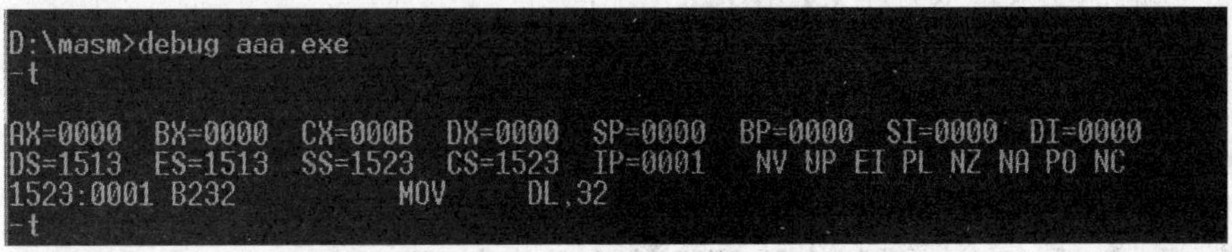

图 2.1.7　从 CS:IP 开始执行汇编程序

图 2.1.8　执行一条汇编指令

四、预习要求

(1) 熟悉汇编语言源程序的基本指令;

(2) 了解 MASM 的基本用法;

(3) 了解 DEBUG 的基本常用指令。

五、实验报告要求

(1) 记录实验结果并截图;

(2) 记录实验过程及心得体会;

(3) 回答思考题。

六、思考题

(1) 除了本实验中用到的 MASM 和 DEBUG,还可以用哪些软件编译调试汇编程序?

(2) 假设(DS)=3000H,(BX)=0100H,(SI)=0002H,(30100)=12H,(30101)=34H,(30102)=56H,(30103=78H),(31200)=2AH,(31201)=4CH,(31202)=B7H,(31203)=65H。

下列每条指令执行后,AX 的内容为多少?

MOV AX,3000H

MOV AX,BX

MOV AX,[1200H]

MOV AX,[BX]

MOV AX,1100[BX]

MOV AX,[BX][SI]

MOV AX,1100[BX][SI]

实验 2.2　顺序程序设计

一、实验目的

(1) 掌握使用加法类运算指令编程及调试方法。

(2) 掌握加法类指令对状态标志位的影响。

(3) 熟悉在 PC 机上建立、汇编、编译和运行 8088 汇编语言程序的过程。

二、实验内容

(1) 设有三个 16 位二进制数 X、Y、Z，三个数均为 0FFFFH；

(2) 要求完成计算表达式 X+Y+Z；

(3) 运算结果保留在内存 34100H～34102H 单元里。

三、实验步骤

(1) 将编好的程序输入微机。

(2) 调试并运行程序。

(3) 使用 DEBUG 里的 D 指令，显示 34100H～34102H 单元里的内容，单元内容应为
FD、FF、02。检查结果是否正确；若达不到程序设计要求，则修改程序，直至满足要求。

内存显示如图 2.2.1 所示。

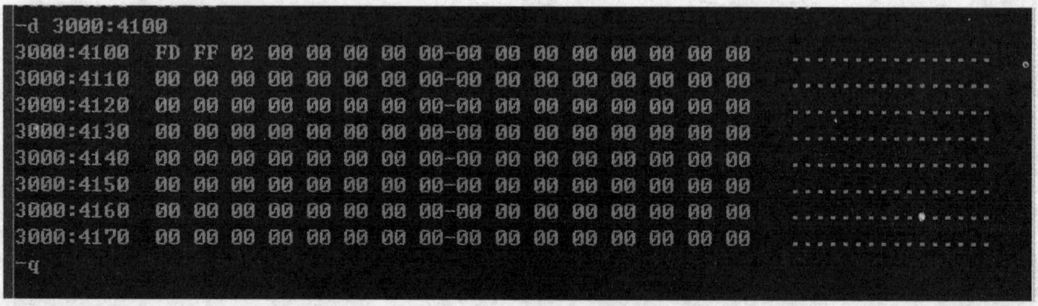

```
-d 3000:4100
3000:4100  FD FF 02 00 00 00 00 00-00 00 00 00 00 00 00 00   ................
3000:4110  00 00 00 00 00 00 00 00-00 00 00 00 00 00 00 00   ................
3000:4120  00 00 00 00 00 00 00 00-00 00 00 00 00 00 00 00   ................
3000:4130  00 00 00 00 00 00 00 00-00 00 00 00 00 00 00 00   ................
3000:4140  00 00 00 00 00 00 00 00-00 00 00 00 00 00 00 00   ................
3000:4150  00 00 00 00 00 00 00 00-00 00 00 00 00 00 00 00   ................
3000:4160  00 00 00 00 00 00 00 00-00 00 00 00 00 00 00 00   ................
3000:4170  00 00 00 00 00 00 00 00-00 00 00 00 00 00 00 00   ................
-q
```

图 2.2.1　程序调试结果

四、程序框图

顺序结构程序框图如图 2.2.2 所示。

参考程序如下：

CODE SEGMENT

　　ASSUME CS:CODE

```
START:
        MOV SI,4000H          ;结果存放入[4100H]中
        MOV AX,0FFFFH
        MOV [SI], AX          ;设置 X
        MOV [SI + 2], AX      ;设置 Y
        MOV [SI + 4], AX      ;设置 Z
        MOV AX,0000H
        MOV [SI + 102H],AX
        MOV AX,[SI]
        ADD AX,[SI + 2]
        MOV BX,0000H
        ADC [SI + 102H],BX
        ADD AX,[SI + 4]
        MOV [SI + 100H],AX
        ADC [SI + 102H],BX
        MOV AH,4CH            ;结束本程序,返回 DOS 操作系统
        INT 21H
CODE ENDS
END START
```

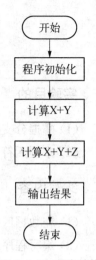

图 2.2.2　顺序结构
程序框图

五、预习要求

(1) 掌握数据传送指令、算数运算指令的用法;

(2) 复习汇编程序的建立、汇编、编译和运行的过程。

六、实验报告要求

(1) 编写程序并注释;

(2) 记录实验结果并截图;

(3) 记录调试过程及心得体会;

(4) 回答思考题。

七、思考题

参考程序中的语句 ADC [SI+102H],0000 是否可以省去? 为什么?

实验 2.3 分支结构程序设计

一、实验目的

（1）掌握分支结构程序的设计方法；

（2）掌握无符号数和带符号数比较大小转移指令的区别。

二、实验内容

（1）在数据区中定义三个带符号的字节变量；

（2）编写程序，找出其中最大的数，并送到寄存器 AX 中。

三、实验步骤

（1）将编好的程序输入微机；

（2）调试并运行程序；

（3）用 DEBUG 里的 T 指令观察程序运行的过程及 AX 寄存器里的值；

（4）改变三个变量的初始值，使用 T 指令单步运行，观察程序执行的情况及寄存器 AX 里值的变化情况。

四、程序框图

分支结构程序框图如图 2.3.1 所示。

参考程序如下：

```
CODE SEGMENT
    ASSUME CS:CODE
START:
    JMP START0
    X DW 2
    Y DW -5
    Z DW 9
START0:
    MOV AX,X
    MOV BX,Y
    MOV CX,Z
    CMP AX,BX
    JGE NEXT
```

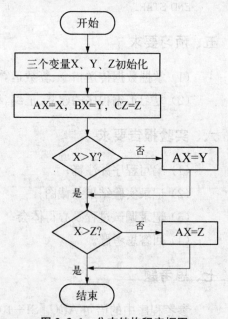

图 2.3.1 分支结构程序框图

```
        MOV AX,BX
NEXT:
        CMP AX,CX
        JGE NEXT2
        MOV AX,CX
NEXT2:
        MOV AH,4CH
        INT 21H
CODE ENDS
END START
```

五、预习要求

(1) 熟悉条件转移语句及其用法；

(2) 了解分支结构程序的特点及其设计方法。

六、实验报告要求

(1) 编写程序并注释；

(2) 记录 AX 寄存器的变化情况并截图；

(3) 更改三个变量的初值,将结果截图并记录下来；

(4) 记录调试过程及心得体会；

(5) 回答思考题。

七、思考题

(1) 如何设计多分支结构程序？

(2) 编写程序：

从低到高位逐位检测一个字节数据,找到第一个非 0 的位数。检测时,为 0,则继续检测；为 1,则用多分支结构,转移到对应的处理程序段,并显示相应的位数。

实验 2.4 循环结构程序设计

一、实验目的

（1）掌握循环程序设计的一般方法；
（2）熟悉循环结构程序的设计与调试方法。

二、实验内容

把以 BUF 为首地址的 10 个字节单元中的二进制数据累加，求得的和放到 AX 寄存器中。

三、实验步骤

（1）将编好的程序输入微机；
（2）调试并运行程序；
（3）用 DEBUG 里的 T 指令观察程序运行的过程及 AX 寄存器里的值。

四、程序框图

循环结构程序框图如图 2.4.1 所示。
参考程序如下：

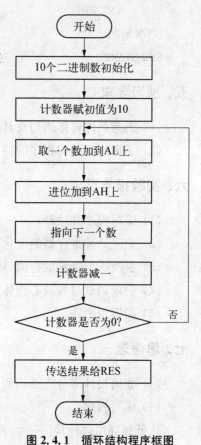

图 2.4.1 循环结构程序框图

```
DATA SEGMENT
BUF DB1,4,9,5,21,64,12,6,10,23
RES DW?
DATA ENDS
CODE SEGMENT
    ASSUME CODE,DS:DATA
START:
    MOV AX,DATA
    MOV DS,AX
    MOV AX,0          ;AL 清零
    MOV CX,0AH        ;计数器初值为 10
    MOV BX,OFFSET BUF ;置地址指针
LP:
    ADD AL,[BX]       ;取一个数累加到 AL 上
```

```
        ADC AH,0              ;加 CF
        INC BX               ;地址加一
        LOOP LP              ;CX 减一不为 0,继续循环
        MOV RES,AX           ;传送结果
        MOV AH,4CH
        INT 21H
    CODE ENDS
    END START
```

五、预习要求

(1) 掌握循环结构程序的基本构成和基本指令;

(2) 了解循环结构程序的设计方法。

六、实验报告要求

(1) 编写程序并注释;

(2) 观察 AX 寄存器里值的变化情况并截图;

(3) 记录调试过程及心得体会;

(4) 回答思考题。

七、思考题

分析下列程序段,回答所提问题。

```
        DA1 DW 1F28H
        DA2 DB ?
        ……
        XOR BL,BL
        MOV AX,DA1
LOP:AND AX,AX
        JZ EXIT
        SHL AX,1
        JNC LOP
        INC BL
        JMP LOP
EXIT: MOV DA2,BL
```

试问:(1) 程序段执行后,DA2 字节单元的内容是什么?

(2) 在程序段功能不变的情况下,是否可用 SHR 指令代替 SHL 指令?

实验 2.5 子程序设计

一、实验目的

(1) 掌握汇编语言中子程序的设计思想和方法；

(2) 能熟练构建子程序模块；

(3) 熟练掌握子程序指令。

二、实验内容

用键盘输入字符，调用显示子程序，在屏幕上显示字母、数字和其他字符的个数。

三、实验步骤

(1) 将编好的程序输入微机；

(2) 调试并运行程序；

(3) 观察程序运行结果。

四、程序框图

子程序结构程序框图如图 2.5.1 所示。

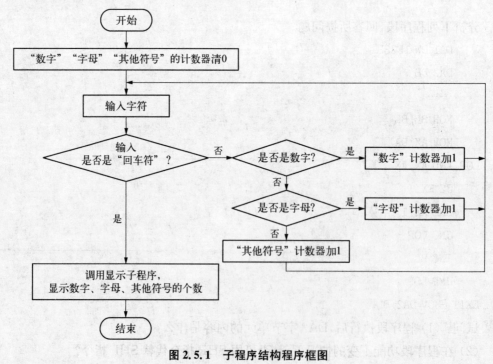

图 2.5.1 子程序结构程序框图

参考程序如下：

```
CODE SEGMENT
        ASSUME CS:CODE
START:
        MOV BL, 0           ;统计数字个数
        XOR CH, CH          ;统计字母个数
        XOR CL, CL          ;统计其他符号个数
BEGIN:
        MOV AH, 1
        INT 21H
        CMP AL, 0DH         ;判断输入的是否是"回车符"
        JZ EXIT             ;是"回车",输入结束,转到 EXIT
        CMP AL, '0'
        JB OTHER            ;若小于"0",转到其他字符
        CMP AL, '9'
        JA NEXT             ;若大于"9",转到 NEXT
        INC BL              ;数字个数加 1
        JMP BEGIN           ;跳回 BEGIN,输入下一个
NEXT:
        CMP AL, 'A'
        JB OTHER
        CMP AL, 'Z'
        JA OTHER
        INC CH              ;字母个数加 1
        JMP BEGIN
OTHER:
        INC CL              ;其他符号加 1
        JMP BEGIN
EXIT:
        MOV DL, BL
        CALL DISP           ;调用 DISP 显示子程序,显示数字个数
        MOV DL, CH
        CALL DISP           ;显示字母个数
        MOV DL, CL
        CALL DISP           ;显示其他符号个数
```

```
DISP PROC NEAR            ;显示子程序
        ADD DL,30H
        MOV AH,2
        INT 21H
        RET
DISP ENDP
CODE ENDS
END START
```

五、预习要求

(1) 熟悉子程序的设计与调试方法;

(2) 熟悉屏幕输入字符与输出字符的用法。

六、实验报告要求

(1) 编写程序并注释;

(2) 根据自己的程序,画出完整的程序框图;

(3) 调试程序,并记录显示结果;

(4) 记录实验过程中遇到的问题及心得体会;

(5) 回答思考题。

七、思考题

(1) 什么是子程序的段内调用、段间调用?

(2) 主程序与子程序之间如何传递数据?

第三章 硬件实验

实验 3.1 简单并行接口

一、实验目的

(1) 熟悉实验箱和软件开发平台的使用；

(2) 了解基本 I/O 端口的操作方法和技巧，掌握编程和调试基本技能。

二、实验设备

PC 机一台，DICE－8086KⅡ实验装置一套。

三、实验内容

利用 74LS244 作为输入口，读取开关状态，根据给定表格中开关状态对应的输出关系，通过 74LS273 驱动发光二极管显示出来。

四、实验区域电路图

简单并行接口实验区域电路图如图 3.1.1 所示。

参考图 3.1.1 连线：

Y0～Y1 接 K1～K2(对应 J1、J2)；Q0～Q7 接 L1～L8(对应 J3～J10)；CS1 接 8000H 孔(对应 J12)；CS2 接 9000H 孔(对应 J11)；IOWR→IOWR；IORD→IORD；然后用数据排线连接 JX7→JX17(BUS2)。

五、编程指南

本实验要求编写程序将连接在 74LS244 芯片端口的开关状态读入，根据表 3.1.1 给出的开关状态对应的 LED 输出灯亮状态，控制 74LS273 芯片驱动 LED。按下 MON 或系统复位键则返回监控。

六、程序框图

简单并行接口实验的参考程序框图如图 3.1.2 所示。

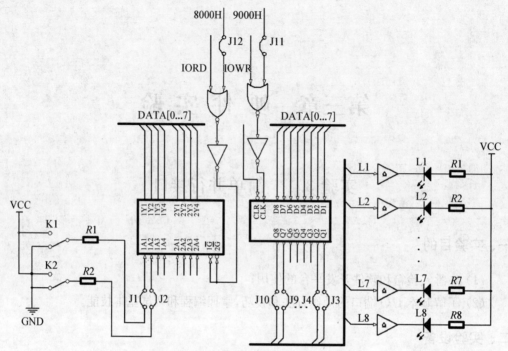

图 3.1.1　简单并行接口实验区域电路图

表 3.1.1　开关状态与对应的 LED 显示状态

K1	K2	LED 显示
0	0	LED 灯全灭
1	1	LED 灯全亮
0	1	偶数灯点亮(L2、L4、L6、L8)
1	0	奇数灯点亮(L1、L3、L5、L7)

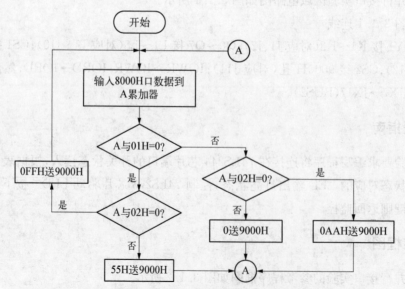

图 3.1.2　简单并行接口实验的参考程序框图

七、实验步骤

（1）按电路图连线，检查无误后打开实验箱电源；

（2）在 PC 端软件开发平台上输入设计好的程序，编译通过后下载到实验箱；

（3）运行程序后，拨动开关 K1、K2，LED 灯 L1～L8 会跟着亮灭；

（4）如果运行不正常就要检查连线、程序。排查错误，修改程序，直到运行程序正常。

八、预习要求

（1）熟悉实验箱和软件开发平台的基本用法；

（2）复习 8088 汇编语言程序设计的方法；

（3）掌握 I/O 端口编程的方法和技巧；

（4）了解芯片 74LS244、74LS273 的结构和用法；

（5）编写程序中的逻辑部分，用 DEBUG 进行调试。

九、实验报告要求

（1）记录调试成功的程序并写注释；

（2）根据编写的程序，画出程序框图；

（3）绘制实验中的电路连接图；

（4）记录使用 DEBUG 调试程序的过程及结果；

（5）记录实验过程中遇到的问题及心得体会；

（6）回答思考题。

十、思考题

（1）I/O 端口的寻址方式有哪两种？在 x86 系统中，采用哪一种？

（2）在输入/输出电路中，为什么常常要使用锁存器和缓冲器？

实验 3.2　8255A 可编程并行接口

一、实验目的

（1）学习在 PC 机系统中扩展简单 I/O 接口的方法；

（2）进一步学习编制数据输出程序的设计方法；

（3）学习"模拟交通信号灯"控制的方法。

二、实验设备

PC 机一台，DICE-8086KⅡ实验装置一套。

三、实验内容

用 8255A 作输出口，控制 12 个发光管（4 组红绿黄灯）的亮灭，模拟十字路口交通信号灯管理。

四、实验区域电路图

8255A 可编程并行接口实验区域电路图如图 3.2.1 所示。

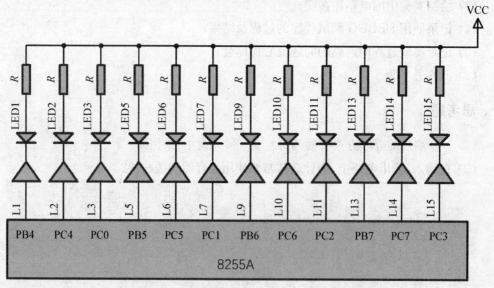

图 3.2.1　8255A 可编程并行接口实验区域电路图

实验连线：

红灯：PC0→L3；PC1→L7；PC2→L11；PC3→L15；

绿灯：PC4→L2；PC5→L6；PC6→L10；PC7→L14；

黄灯：PB4→L1；PB5→L5；PB6→L9；PB7→L13。

8255A 数据线、控制线在实验箱内部已经连好。

五、编程指南

（1）通过 8255A 控制发光二极管，PB4～PB7 接黄色 LED 灯，PC0～PC3 接红色 LED 灯，PC4～PC7 接绿色 LED 灯，模拟交通信号灯的管理。

（2）要完成本实验，必须先了解交通信号灯的亮灭规律。设有一个十字路口，1、3 为南北方向，2、4 为东西方向，初始状态为四个路口的红灯全亮，之后，1、3 路口的绿灯亮，2、4 路口的红灯亮，1、3 路口方向通车。延时一段时间后，1、3 路口的绿灯熄灭，而 1、3 路口的黄灯开始闪烁，闪烁若干次以后，1、3 路口红灯亮，而同时 2、4 路口的绿灯亮，2、4 路口方向通车，延时一段时间后，2、4 路口的绿灯熄灭，而黄灯开始闪烁，闪烁若干次以后，再切换到 1、3 路口方向，之后，重复上述过程。

（3）程序中设定好 8255A 的工作模式及三个端口均工作在方式 0，并处于输出状态。

（4）各发光二极管共阳极，8255A 相应端口的位清 0 使其点亮。

六、程序框图

8255A 可编程并行接口实验的参考程序框图如图 3.2.2 所示。

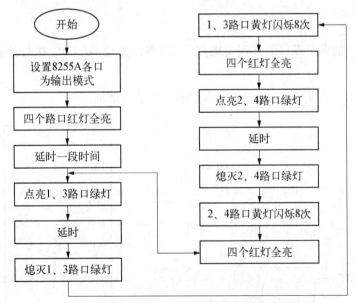

图 3.2.2　8255A 可编程并行接口实验的参考程序框图

七、实验步骤

（1）按电路图连线，检查无误后打开实验箱电源；

(2) 在 PC 端软件开发平台上输入设计好的程序,编译通过后下载到实验箱;

(3) 运行程序后,观察模拟交通信号灯是否按照设计的规律变化;

(4) 如果运行不正常就要检查连线、程序,排查错误,修改程序,直到运行程序正常。

八、预习要求

(1) 复习有关并行接口技术的知识;

(2) 掌握 8255A 的 A、B 和 C 口的作用;

(3) 掌握 8255A 芯片编程的技巧;

(4) 编写程序中的逻辑部分,用 DEBUG 进行调试。

九、实验报告要求

(1) 记录调试成功的程序并写注释;

(2) 根据编写的程序,画出程序框图;

(3) 绘制实验中的电路连接图;

(4) 记录使用 DEBUG 调试程序的过程及结果;

(5) 记录实验过程中遇到的问题及心得体会;

(6) 回答思考题。

十、思考题

(1) 8255A 的哪个端口能实现位操作输出(按位置位/复位)?执行控制字写入操作的端口是哪个?

(2) 写出图 3.2.3 中 Intel 8255A 占用的 4 个端口地址。

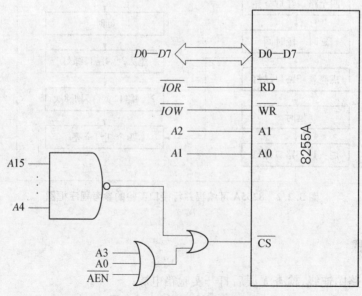

图 3.2.3　8255A 线路连接图

实验 3.3　8253 定时器/计数器

一、实验目的

(1) 学会 8253 芯片与微机接口的原理和方法;

(2) 掌握 8253 定时器/计数器的工作原理和编程方法。

二、实验设备

PC 机一台,DICE－8086KⅡ实验装置一套,手表或其他计时器具。

三、实验内容

编写程序,将 8253 的计数器 0 设置为方式 2(频率发生器),计数器 1 设置为方式 3(方波频率发生器),计数器 0 的输出作为计数器 1 的输入,计数器 1 的输出接在一个 LED 上,运行后观察该 LED 灯的闪烁情况。实验内容分以下三个部分:

(1) 编程时用程序框图中的两个 16 进制的计数初值,计算 OUT1 的输出频率,用手表观察 LED,进行核对;

(2) 修改程序中的两个 16 进制的计数初值,使 OUT1 的输出频率为 1 Hz,用手表观察 LED,进行核对;

(3) 改用 BCD 码,修改程序中的两个计数初值,使 LED 的闪亮频率仍为 1 Hz。

四、实验区域电路图

8253 定时器/计数器实验区域电路图如图 3.3.1 所示。

实验连线:

CS3→0040H;JX8→JX0;IOWR→IOWR;IORD→IORD;A0→A0;A1→A1;GATE0→＋5 V;GATE1→＋5 V;OUT0→CLK1;OUT1→L1;CLK0→0.5 MHz(单脉冲与时钟单元)。

五、编程指南

8253 是一种可编程定时/计数器,有

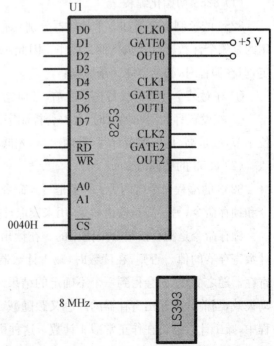

图 3.3.1　8253 定时器/计数器实验区域电路图

3 个 16 位计数器,其计数频率范围为 0～2 MHz,用＋5 V 单电源供电。8253 有 6 种工作方式:

(1) 方式 0:计数结束中断;

(2) 方式 1:可编程频率发生;

(3) 方式 2:频率发生器;

(4) 方式 3:方波频率发生器;

(5) 方式 4:软件触发的选通信号;

(6) 方式 5:硬件触发的选通信号。

8253 方式控制字如下:

D7	D6	D5	D4	D3	D2	D1	D0
SC1	SC0	RL1	RL0	M2	M1	M0	BCD
00:选择计数器 0 01:选择计数器 1 10:选择计数器 2 11:未使用		00:锁定计数器 01:选择低 8 位 10:选择高 8 位 11:选择 16 位 (先读写低 8 位 后读写高 8 位)		000:选择方式 0 001:选择方式 1 x10:选择方式 2 x11:选择方式 3 100:选择方式 4 101:选择方式 5			计数码制 选择: 0:二进制 计数 1:BCD 码 计数

8253 初始化编程:

(1) 8253 初始化编程

8253 的控制寄存器和 3 个计数器分别具有独立的编程地址,由控制字的内容确定使用的是哪个计数器以及执行什么操作。因此 8253 在初始化编程时,并没有严格的顺序规定,但在编程时,必须遵守两条原则:

① 在对某个计数器设置初值之前,必须先写入控制字;

② 在设置计数器初始值时,要符合控制字的规定,无论是只写低位字节,还是只写高位字节,或是高、低位字节都写(分两次写,先低字节后高字节)。

(2) 8253 的编程命令

8253 的编程命令有两类:一类是写入命令,包括设置控制字、设置计数器的初始值命令和锁存命令;另一类是读出命令,用来读取计数器的当前值。

锁存命令是配合读出命令使用的。在读出计数器值前,必须先用锁存命令锁定当前计数寄存器的值。否则,在读数时,减 1 计数器的值处在动态变化过程中,当前计数输出寄存器随之变化,就会得到一个不确定的结果。当 CPU 将此锁定值读走后,锁存功能自动失效,当前计数输出寄存器的内容又跟随减 1 计数器变化。在锁存和读出计数值的过程中,减 1 计数器仍在作正常减 1 计数。这种机制确保了既能在计数过程中读取计数值,又不影响计数过程的进行。

六、程序框图

8253 定时器/计数器实验程序框图如图 3.3.2 所示。

七、实验步骤

(1) 按电路图连线,检查无误后打开实验箱电源;

(2) 在 PC 端软件开发平台上输入设计好的程序,编译通过后下载到实验箱;

(3) 运行程序后,观察 LED 闪烁周期(可以看 10 次或更多次闪烁时间,以提高观察准确度);

(4) 按要求调整初始值,使得 LED 的闪烁周期为 1 s,重写编写程序,编译后下载到实验箱,运行程序并观察;

(5) 修改程序,将程序中的两个计数初值改为 BCD 码,运行程序,观察 LED 的闪烁周期;

(6) 如果运行不正常就要检查连线、程序,排查错误,修改程序,直到运行程序正常。

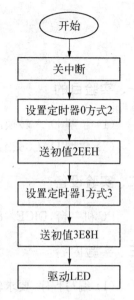

开始
↓
关中断
↓
设置定时器0方式2
↓
送初值2EEH
↓
设置定时器1方式3
↓
送初值3E8H
↓
驱动LED

图 3.3.2　8253 定时器/计数器实验程序框图

八、预习要求

(1) 复习定时/计数器的作用;

(2) 了解 8253 芯片工作原理及其工作方式。

九、实验报告要求

(1) 按实验内容的要求,记录调试成功的三段程序并写注释;

(2) 根据编写的程序,分别画出对应的程序框图;

(3) 根据三段程序,分别计算 LED 灯闪烁频率的理论值,并写出计算过程;

(4) 记录观察 LED 灯闪烁频率的方法和结果,并与理论值进行对比;

(5) 绘制实验中的电路连接图;

(6) 记录实验过程中遇到的问题及心得体会;

(7) 回答思考题。

十、思考题

(1) 8253 初始化编程时需要遵循的原则是什么?

(2) 简述 8253 初始化编程的步骤。

实验 3.4　D/A 转换器

一、实验目的

(1) 了解 D/A 转换的基本原理；

(2) 掌握 DAC0832 芯片的性能、使用方法及对应的硬件电路。

二、实验设备

PC 机一台，DICE‐8086KⅡ实验装置一套，示波器一台。

三、实验内容

(1) 编写程序，要求输出方波、锯齿波及三角波，分别用示波器观察波形；

(2) 如有能力，把三段程序整合在一起，将方波、锯齿波、三角波放到一个周期里，循环输出三种波形。

四、实验区域电路图

D/A 转换实验区域电路图如图 3.4.1 所示。

实验连线：

CS5→8000H；IOWR→IOWR；JX2→JX17；AOUT→示波器；GND→示波器。

五、编程指南

(1) 首先须由 CS 片选信号确定 DAC 寄存器的端口地址，然后锁存一个数据通过 0832 输出，典型程序如下：

```
MOV DX,DAPORT        ;0832 端口地址
MOV AL,DATA          ;输出数据到 0832
OUT DX,AL
```

(2) 产生波形信号的周期由延时常数确定。

六、程序框图

方波和锯齿波的参考程序框图如图 3.4.2 和图 3.4.3 所示。

七、实验步骤

(1) 按电路图连线，检查无误后打开实验箱电源；

(2) 在 PC 端软件开发平台上输入设计好的程序，编译通过后下载到实验箱；

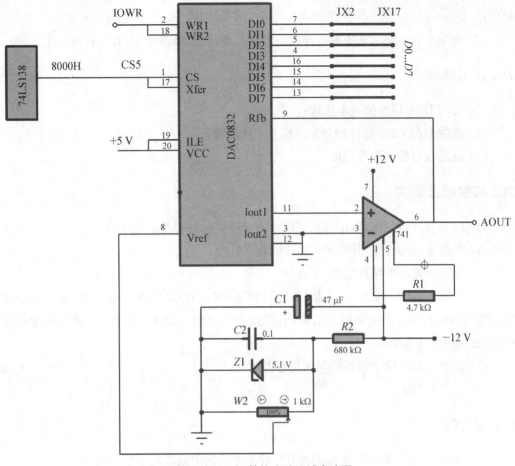

图 3.4.1 D/A 转换实验区域电路图

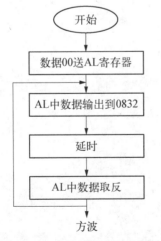

图 3.4.2 方波的参考程序框图

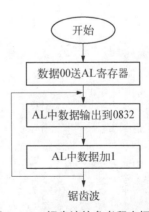

图 3.4.3 锯齿波的参考程序框图

（3）运行程序后,用示波器测量 0832 左侧 AOUT 插孔,应有方波、锯齿波或三角波输出;

（4）如果运行不正常就要检查连线、程序,排查错误,修改程序,直到运行程序正常。

八、预习要求

（1）复习 D/A 转换的基本原理;

（2）掌握 DAC0832 芯片的内部结构及工作原理;

（3）画出三角波的程序框图。

九、实验报告要求

（1）按实验内容的要求,记录调试成功的三段波形的程序并写注释;

（2）根据编写的程序,分别画出对应的程序框图;

（3）绘制实验的电路连接图;

（4）实验中得到的波形图,要标示出示波器的量度(纵向每格电压幅度、横向每格时间标度),波形的转折点处要标示清楚,实验报告中要给出清晰、明了的示波器波形解读(标出波形幅度和周期);

（5）记录实验过程中遇到的问题及心得体会;

（6）回答思考题。

十、思考题

（1）DAC 产生波形的频率如何调节? 频率上限的限制取决于哪些因素?

（2）如果要求产生正弦波一般用什么方法实现? 具体是如何实施的(给出一个方案)?

实验 3.5　A/D 转换器

一、实验目的

（1）掌握模/数转换基本原理与计算机的接口方法；

（2）掌握 ADC0809 芯片的转换性能及编程方法；

（3）了解计算机如何进行数据采集。

二、实验设备

PC 机一台，DICE‐8086KⅡ实验装置一套，万用表一台。

三、实验内容

（1）编写程序，用查询方式采样输入的模拟电压（模拟量电压从实验装置的电位器接入），并将其转换为二进制数字量，用 8 个发光二极管来显示数字量。

（2）修改程序，把延时获取 A/D 数据的方式改成查询 EOC 获取 A/D 数据的方式，指定 8255 的 PB3 接 ADC0809 的 EOC 口。

四、实验区域电路图

A/D 转换实验区域电路图如图 3.5.1 所示。

实验连线：

IN0→AOUT1（可调电压，VIN→＋5 V）；IOWR→IOWR；IORD→IORD；CLK→500K（单脉冲与时钟单元）；ADDA、ADDB、ADDC→GND；CS4→8000H；JX6→JX17（数据总线）；PA0～PA7→L1～L8。

五、编程指南

（1）ADC0809 的 START 端为 A/D 转换启动信号，ALE 端为通道选择地址的锁存信号，实验电路中将其相连，以便同时锁存通道地址并开始 A/D 采样转换，其输入控制信号为 CS 和 WR，故启动 A/D 转换只需如下两条指令：

```
MOV DX,ADPORT        ;ADC0809 端口地址

OUT DX,AL            ;发 CS 和 WR 信号并送通道地址
```

（2）A/D 转换芯片为逐次逼近型，精度为 8 位，每转换一次约 $100~\mu s$，所以程序若为查询式，则在启动后要加适当延时。用延时方式等待 A/D 转换结果，使用下述指令读取 A/D 转换结果。

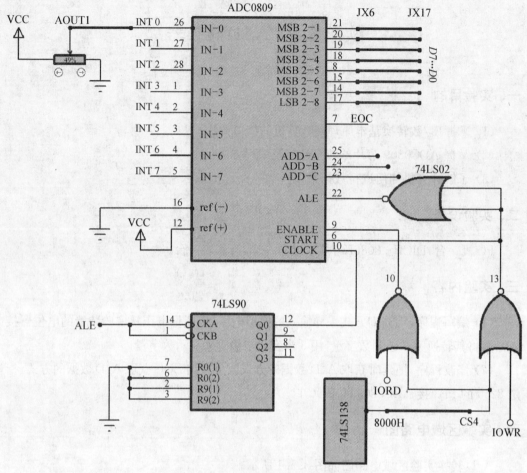

图 3.5.1　A/D 转换实验区域电路图

```
MOV DX,ADPORT      ;ADC0809 端口地址
IN  AL,DX
```

（3）循环不断采样 A/D 转换的结果，边采样边显示 A/D 转换后的数字量。

六、程序框图

延时获取 A/D 数据的参考程序框图如图 3.5.2 所示。

七、实验步骤

（1）按电路图连线，参考 8255A 实验的连线，将 8255 的 PA0～PA7 和 8 个 LED 相连，让 ADC 转换结果在 LED 上显示。电位器只需连接中心抽头，电

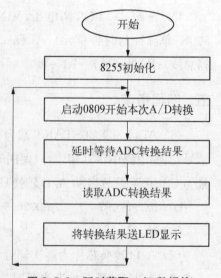

图 3.5.2　延时获取 A/D 数据的参考程序框图

30

源内部已经连接好了(电位器无须连接电源,以防短路)。检查无误后打开实验箱电源。

（2）在 PC 端软件开发平台上输入设计好的程序,编译通过后下载到实验箱。

（3）运行程序后,观察 LED 显示,记录代码,计算获得的代码是否与输入电压符合。如果显示的代码末位跳动厉害,影响观察,可以插入延时(大概 1 s 左右)。

（4）如果运行不正常就要检查连线、程序,排查错误,修改程序,直到运行程序正常。

（5）修改程序,把延时获取 A/D 数据的方式改成查询 EOC 获取 A/D 数据的方式,指定 8255 的 PB3 接 EOC 口。运行程序后,观察 LED 显示,记录代码。

八、预习要求

（1）复习 A/D 转换原理,进一步掌握 A/D 转换接口芯片的功能;

（2）掌握 ADC0809 芯片内部结构以及如何通过设置内部寄存器进行转换;

（3）画出 EOC 方式获取 A/D 数据的程序框图。

九、实验报告要求

（1）按实验内容的要求,记录延时和查询 EOI 方式的两段程序并写注释;

（2）根据编写的程序,分别画出对应的程序框图;

（3）绘制实验的电路连接图;

（4）在延时和查询 EOI 两种方式下,分别取输入模拟量为最大值、最小值、中间值三个点,记录对应的 LED 灯显示状态,并转换成数字量记入实验报告;

（5）学有余力的,可以多取几个点,将模拟量和对应的数字量绘制成图表,分析两者的对应关系,研究实际情况下非线性的原因;

（6）记录实验过程中遇到的问题及心得体会;

（7）回答思考题。

十、思考题

（1）0809 获取 A/D 转换数据的方法有哪几种? 比较这些方法的优劣。

（2）为获取比较平稳的数据显示,采取数据滤波措施,你能想到采用什么滤波措施比较合理。(列出算法并画出程序实现的流程图)

实验3.6 8259A 中断控制(1)

一、实验目的

(1) 学习 8086/8088 CPU 中断系统的知识；

(2) 学习 8259A 中断控制器的使用。

二、实验设备

PC 机一台，DICE - 8086KⅡ实验装置一套。

三、实验内容

编写程序，使 8255A 的 A 口控制 LED 灯。CPU 执行主程序时四个绿灯亮。用"⎍"作为8259A 的 IR3 的输入信号，向 CPU 请求中断。CPU 在中断服务程序中熄灭绿灯，并使四个红灯亮。中断服务程序结束，又返回主程序，再使绿灯亮。

四、实验区域电路图

8259A 中断实验区域电路图如图 3.6.1 所示。

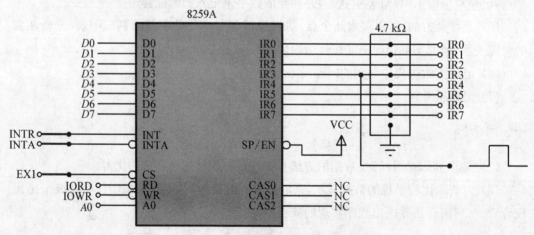

图 3.6.1 8259A 中断实验区域电路图

实验连线：

8259A 的 INT 连 8088 的 INTR(X15)；8259A 的 INTA 连 8088 的 INTA(X12)；"⎍"插孔和8259A 的 3 号中断 IR3 插孔(单脉冲与时钟单元)相连；8259A 的 CS 端接 EX1(60H)；连 JX4→JX17；IOWR→IOWR；IORD→IORD；A0→A0；PA0～PA3→L2，L6，L10，L14；PA4～PA7→L3，L7，L11，L15。

五、编程指南

(1) 8255A 初始化时,选择 A 口方式 0 输出,边沿触发;

(2) 设置中断矢量,将中断服务程序入口地址送入中断矢量表的相应单元,在本系统中,用户可用中断矢量表区域为 00010H～000FFH;

(3) 主程序控制 8255A 的 PA0～PA3 输出点亮绿灯;

(4) 在中断服务程序中,使 PA4～PA7 输出点亮红灯,关闭绿灯;

(5) 参考程序框架:

```
CODE SEGMENT
        ASSUME CS:CODE
INTPORT1 EQU 0060H
INTPORT2 EQU 0061H
INTQ3 EQU INTREEUP3
INTCNT DB ?
START:
         CLD
         CALL WRINTVER      ;初始化中断向量表
         MOV AL, 13H        ;ICW1 = 00010011B,边沿触发、单 8259A、需 ICW4
         MOV DX, INTPORT1
         OUT DX, AL
         MOV AL, 08H        ;ICW2 = 00001000B,IR3 进入中断号 = 0BH
         MOV DX, INTPORT2
         OUT DX, AL
         MOV AL, 09H        ;ICW4 = 00001001B,非特殊全嵌套方式、缓冲/从、正常 EOI
         OUT DX, AL
         MOV AL, 0F7H       ;OCW1 = 11110111B
         OUT DX, AL
         ......             ;
         STI
WATING:
         ......             ;主程序
         JMP WATING
WRINTVER:
         MOV AX, 0H
         MOV ES, AX
```

```
        MOV DI,002CH        ;中断向量地址 2CH = 0BH * 4
        LEA AX,INTQ3
        STOSW               ;送偏移地址
        MOV AX,0000h
        STOSW               ;送段地址
        RET
INTREEUP3:                  ;中断服务程序
        CLI
        ......
INTRE2:
        MOV AL,20H          ;OCW2 = 001 00 000B 非特殊 EOI 命令
        MOV DX,INTPORT1
        OUT DX,AL
        STI
        IRET
CODE ENDS
END START
```

六、程序框图

8255A 中断控制实验的参考程序框图如图 3.6.2 所示。

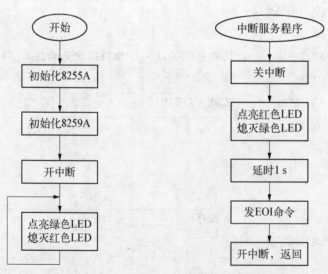

图 3.6.2　8255A 中断控制实验的参考程序框图

七、实验步骤

(1) 按电路图连线,8259A 的 INT 连 8088 的 INTR,8259A 的 INTA 连 8088 的 INTA,"⎍⎍"插孔和 8259A 的 3 号中断 IR3 插孔(单脉冲与时钟单元)相连,8259A 的 CS 端接地址端口 EX1(60H),数据排线 JX4 接 JX17,8259A 的 WR,RD 分别和系统的 IOWR、IORD 相连,8259A 的 A0 接系统 A0,8255A 的 PA0～PA3 分别接 LED 灯 L2,L6,L10,L14,PA4～PA7 分别接 LED 灯 L3,L7,L11,L15。

(2) 检查无误后打开实验箱电源。

(3) 在 PC 端软件开发平台上输入自己编制的程序,编译通过后下载到实验箱。

(4) 运行程序后,绿色 LED 灯点亮表明程序运行在主程序。按下 AN 开关按钮,应当红色 LED 灯亮,绿色 LED 灯灭,表明在执行中断服务程序;过一会儿红灯熄灭了,绿灯又亮了起来,表明中断服务程序已返回了主程序。

(5) 如果运行不正常就要检查连线、程序,排查错误,修改程序,直到运行程序正常。

八、预习要求

(1) 复习中断的概念,中断向量在中断过程中的作用;

(2) 了解 8259A 芯片的功能,掌握其编程技巧;

(3) 了解中断服务程序的实现过程。

九、实验报告要求

(1) 按实验内容的要求,记录调试成功的程序并写注释;

(2) 根据编写的程序,画出对应的程序框图;

(3) 绘制完整的实验电路连接图;

(4) 记录实验过程中遇到的问题及心得体会;

(5) 回答思考题。

十、思考题

(1) 中断输入信号不变的情况下,在实验中是否可以使用高电平触发中断?

(2) 若中断请求信号设置为 IR2,程序应如何改动?

实验 3.7　8259A 中断控制(2)

一、实验目的

(1) 深入学习 8086/8088 CPU 中断系统的知识;

(2) 进一步掌握 8259A 中断控制器的使用方法。

二、实验设备

PC 机一台,DICE - 8086K Ⅱ 实验装置一套。

三、实验内容

编写程序,使 8255A 的 A 口控制 LED 灯。CPU 执行主程序时四个绿灯亮。用 "$\square$" 作为 8259A 的 IR3 的输入信号,向 CPU 请求中断。CPU 进入中断服务程序时,四个红色 LED 灯中只亮一个灯,之后中断服务程序结束,返回主程序,恢复绿灯亮。每次进入中断,只点亮一个红灯,并随每一次中断,逐次按顺序移动红灯的位置。

四、实验区域电路图

同实验 3.6(图 3.6.1)。

五、编程指南

(1) 8255A 初始化时,选择 A 口方式 0 输出,边沿触发。

(2) 设置中断矢量,将中断服务程序入口地址送入中断矢量表的相应单元,在本系统中,用户可用的中断矢量表区域为 00010H~000FFH。

(3) 主程序控制 8255A 的 PA0~PA3 输出点亮绿灯。

(4) 编制中断服务程序,在中断服务程序执行的中间不要开中断,每中断一次,使四个红色 LED 灯中每次只亮一个灯,并随每一次中断逐次移动一个灯的位置。为使灯能亮一段时间以便观察,中断服务程序中的延时部分应进行若干次循环,循环宜分两层:外层循环次数可选 5FH,内层以 0FFFFH 为宜。

六、程序框图

自己设计程序框图,要能正确提示编程要点,反映编程员的思路。

七、实验步骤

(1) 按实验 3.6 连线,检查无误后打开实验箱电源。

（2）在 PC 端软件开发平台上输入自己编制的程序,编译通过后下载到实验箱。

（3）运行程序后,绿色 LED 灯点亮表明程序运行在主程序。按下 AN 开关按钮,应当红色 LED 灯亮 1 个,绿色 LED 灯灭,表明在执行中断服务程序;过一会儿红灯熄灭了,绿灯又亮了起来,表明中断服务程序已返回,进入主程序。反复按动 AN 开关按钮,红色 LED 灯像走马灯似转动。

（4）如果运行不正常就要检查连线、程序,排查错误,修改程序,直到运行程序正常。

八、预习要求

（1）复习中断的概念及中断向量表的建立;

（2）复习 8259A 芯片的应用方法;

（3）复习汇编语言中变量的定义及应用的方法;

（4）画出主程序和中断子程序的程序框图。

九、实验报告要求

（1）按实验内容的要求,记录调试成功的程序并写注释;

（2）根据编写的程序,画出对应的程序框图;

（3）绘制完整的实验电路连接图;

（4）记录实验过程中遇到的问题及心得体会;

（5）回答思考题。

十、思考题

（1）中断服务子程序中如果不保护现场会出现什么现象?

（2）外设向 CPU 发中断请求,但 CPU 不响应,其原因可能有哪些?

第四章 微机接口技术实验计算机仿真

第一节 Emu8086 软件及应用

一、Emu8086 介绍

Emu8086 是学习汇编的一个工具,该软件集源代码编辑器、汇编/反汇编工具以及可运行 DEBUG 的模拟器(虚拟机器)于一体,此外,还带有循序渐进的帮助教程。这套软件对于刚开始学习汇编语言的人非常有帮助,它会在模拟器中一步一步地编译程序码并执行,可视化界面令操作变得简单易上手。使用该软件,可以在执行程序的同时观察寄存器、标志位和内存。Emu8086 会在虚拟 PC 中执行程序,它拥有自己独立的"硬件",这样程序就同诸如硬盘与内存这样的实际硬件完全隔离开,动态调试(DEBUG)时非常方便。8086 代码具有广泛的应用范围,它在老式的和最新的计算机系统上都能工作,8086 指令的另一个优点是它的指令集非常小,这样学起来会容易得多,关于指令集的说明也可以在此软件的帮助文档中找到。Emu8086 同主流汇编程序相比,语法简单,但是它生成的程序,能在任何能运行 x86 机器码(Intel/AMD 架构)的计算机上执行。

二、Emu8086 的使用

(1) 下载安装文件,并安装。

(2) 新建文件。

启动界面如图 4.1.1 所示。点击"新建",建立一个新文件。新建文件界面如图 4.1.2 所示。

文件共有以下几种类型:

① COM 模板——适用于简单且不需分段的程序,所有内容均放在代码段中,程序代码默认从 ORG 0100H 开始。

② EXE 模板——适用于需分段的复杂程序,内容按代码段、数据段、堆栈段划分。需要注意的是采用该模板时,用户不可将代码段人为地设置为 ORG 0100H,而应由编译器自动完成空间分配。

③ BIN 模板——二进制文件,适用于所有用户定义结构类型。

④ BOOT 模板——适用于在软盘中创建文件。

图 4.1.1 Emu8086 启动界面

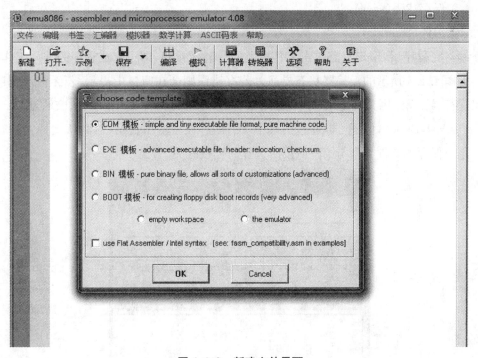

图 4.1.2 新建文件界面

此外,若用户希望打开一个完全空的文档,则可选择"empty workspace"的选项。

(3) 编辑代码。

界面如图 4.1.3 所示。该编辑界面集文档编辑、指令编译、程序加载、系统工具、在线帮助为一体。

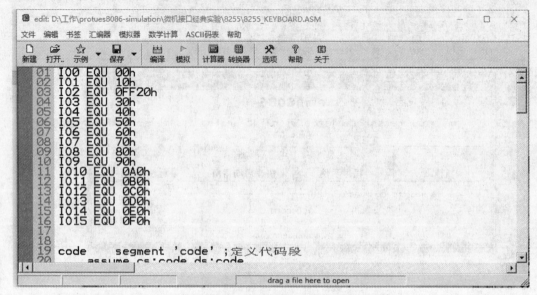

图 4.1.3　Emu8086 编译程序界面

(4) 保存代码(save)。

(5) 编译(compile)。

编写完程序后,用户只需单击工具栏上的"编译"按钮,即可完成程序的编译工作,并弹出如图 4.1.4 所示的汇编器状态界面。若有错误则会在窗口中提示,若无错误则还会弹出保存界面,让用户将编译好的文件保存在相应的文件夹中。默认文件夹为...\emu8086\MyBuild\,但还可以通过菜单中"编译器/设置输出目录"对默认文件夹进行修改。用户保存的文件类型与第一阶段所选择的模板有关。

图 4.1.4　汇编器状态界面

（6）仿真调试。

当用户完成程序编译后，直接点击图 4.1.4 中的"运行"按钮，或利用工具栏中的"模拟"按钮将编译好的文件加载到仿真器进行仿真调试。除使用"模拟"按钮外，用户也可以用菜单栏中的"汇编器/编译并加载到模拟器中"或"模拟器/汇编并加载到模拟器中"打开仿真器。仿真器界面如图 4.1.5 所示。

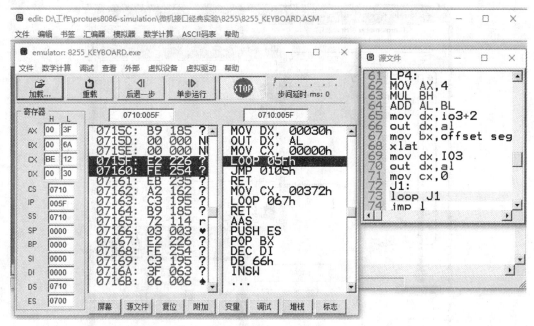

图 4.1.5　仿真器界面

当用户将程序加载到仿真器后，会同时打开仿真器界面和源程序界面，用户在仿真器界面中也可以同时看到源代码和编译后的机器码。点击任意一条源程序指令，则对应的机器代码显示为被选中状态，与此同时，上面的代码指针也会相应变化。用户也可以通过仿真器了解数据段和堆栈段中各变量或数据在存储器中的情况。

用户可以利用工具栏中的"单步运行"按钮进行单步跟踪调试，以便仔细观察各寄存器、存储器、变量、标记位等的情况，这对于程序初始调试是十分有用的；当程序调试完毕，或需要连续运行观察时，则可以使用"运行"按钮；当希望返回上一步操作时，则可以使用"后退一步"按钮；若单击"重载"按钮，则仿真器会重新加载程序，并将指令指针指向程序的第一条指令；也可以利用"加载"按钮，从保存的文件夹中加载其他程序。用户除使用上述工具栏中的按钮进行仿真调试外，还可以利用其菜单中的其他功能进行更高级的调试和设置。

三、Emu8086 虚拟设备

Emu8086 自带一些虚拟设备。这些设备并不是原始 IBM PC 的输入/输出设备的复制,而是从理论上对这些设备进行的模拟。Emu8086 还可支持用户基于汇编语言创建自己的虚拟设备。

虚拟设备通过仿真调试界面打开。Emu8086 自带很多虚拟设备,部分设备界面如图 4.1.6 所示。这些设备都有固定的端口,编写程序时直接调用端口,即可使用虚拟设备,做一些仿真实验。

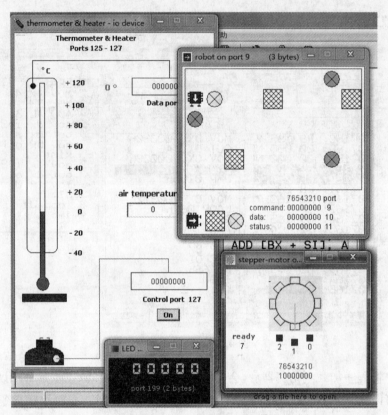

图 4.1.6 Emu8086 虚拟设备界面

四、应用实例

控制 LED 数码管显示,使其显示的内容从"0"开始递增,显示为最大值"99999"后再恢复到"0"进行循环。LED 显示屏虚拟设备的端口地址是 199,能显示 5 位数字。

程序如下:

```
MOV AX,1234      ; 初始化
OUT 199,AX
MOV AX, - 5678
OUT 199,AX
MOV AX,0
```

X1:　　　　　　　　;循环输出数值到端口

　OUT 199,AX

　INC AX

　JMP X1

HLT

　　程序连续运行的结果如图 4.1.7 所示。由于程序运行得非常快,而屏幕刷新的速度慢,在连续运行的状态下无法看清数值加 1 递增的情况,可使用"单步运行",查看寄存器和虚拟设备运行的状况。

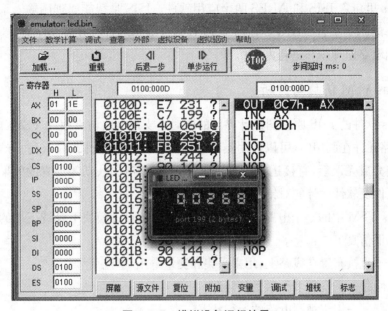

图 4.1.7　模拟设备运行结果

第二节 Proteus 软件及应用

一、Proteus 介绍

Proteus 软件是由英国 Labcenter Electronics 公司开发的 EDA 工具软件,集电路设计、制版及仿真等多种功能于一体,不仅能够对电工、电子技术学科的电路进行设计与分析,还能够对微处理器进行设计和仿真。

Proteus 里包含 ISIS 和 ARES 两个应用软件。ISIS 是智能原理图输入系统,是系统设计与仿真的基本平台。ARES 是高级 PCB 布线编辑软件。在实验中,主要用 Proteus ISIS 来绘制电路原理图和进行电路仿真。

二、Proteus VSM 仿真与分析

Proteus 软件的 ISIS 原理图设计界面的同时还支持电路仿真模式 VSM(虚拟仿真模式)。当电路元件在调用时,可以选用具有动画演示功能的器件或具有仿真模型的器件,当电路连接完成无误后,直接运行仿真按钮,即可实现声、光、动等逼真的效果,以直观地检验电路硬件及软件设计的对错。

Proteus VSM 中的整个电路分析是在 ISIS 原理图设计模块下延续下来的,原理图中可以包含以下仿真工具:

探针——直接布置在线路上,用来采集和测量电压/电流信号;

电路激励——系统的多种激励信号源;

虚拟仪器——用于观测电路的运行状况;

曲线图标——用于分析电路的参数指标。

1. 仿真工具——激励源说明

DC:直流电压源;

Sine:正弦波发生器;

Pluse:脉冲发生器;

Exp:指数脉冲发生器;

SFFM:单频率调频波信号发生器;

Pwlin:任意分段线性脉冲信号发生器;

File:File 信号发生器,数据来源于 ASCII 文件;

Audio:音频信号发生器,数据来源于 wav 文件;

DState:单稳态逻辑电平发生器;

DEdge:单边沿信号发生器;

DPulse:单周期数字脉冲发生器;

DClock：数字时钟信号发生器；

DPattern：模式信号发生器。

2. 仿真工具——虚拟仪器说明

OSCILLOSCOPE：虚拟示波器；

LOGIC ANALYSER：逻辑分析仪；

COUNTER TIME：计数器、定时器；

VIRUAL TERMINAL：虚拟终端；

SIGNAL GENERATOR：信号发生器；

PATTERN GENERATOR：模式发生器；

AC/DC voltmeters/ammeters：交直流电压表和电流表；

SPI DEBUGGER：SPI 调试器；

I2C DEBUGGER：I^2C 调试器。

3. 交互式仿真实例（8253 定时器）

8253 定时器应用实例如图 4.2.1 所示。

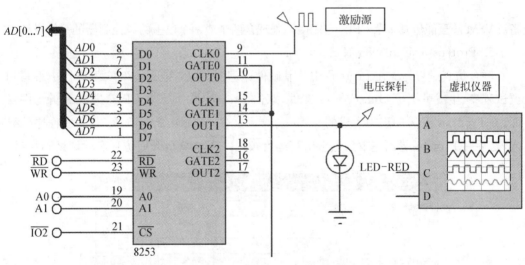

图 4.2.1　8253 定时器应用实例

8253 的计数器 0 设置为方式 2（频率发生器），计数器 1 设置为方式 3（方波频率发生器），计数器 1 的输出频率与计数器 0 的输入频率、两个计数器的计数初值有关。最终输出的波形如图 4.2.2 所示。

4. Proteus 微处理器系统仿真

单片机系统的仿真是 Proteus VSM 的主要特色，用户可以在 Proteus 中直接编辑、编译、调试代码，并直观地看到仿真结果。

CPU 模型有 ARM7（LPC21xx）、PIC、Atmel AVR、Motorola HCXX、8051/8052 以及 8086 等。同时模型库中包含了 LED/LCD 显示、键盘、按钮、开关、常用电机等通用外围设

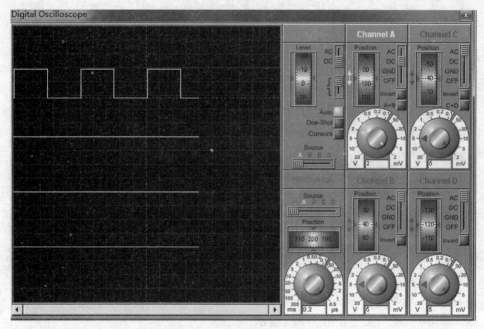

图 4.2.2　8253 输出波形

备。VSM 甚至能仿真多个 CPU,它能便利处理含两个或两个以上的微控制器的系统设计。

5. Proteus 与 Emu8086 联调

联合仿真过程是先在 Proteus 中绘制硬件原理图,然后在 Emu8086 编译器中编写和调试程序,生成可执行.com 或.exe 文件,双击 Proteus 中的 8086CPU,进入编辑元件界面,在 Program File 中选中生成的.com 或.exe 文件,如图 4.2.3 所示,即完成程序的导入,之后在 Proteus 界面左下角点击仿真运行按钮 ▶ 就可开展仿真实验调试和观察。

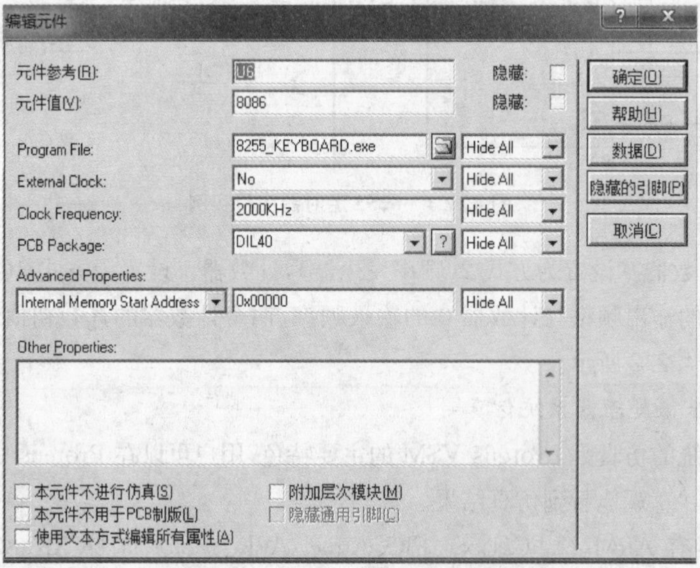

图 4.2.3　导入.exe 文件到 Proteus

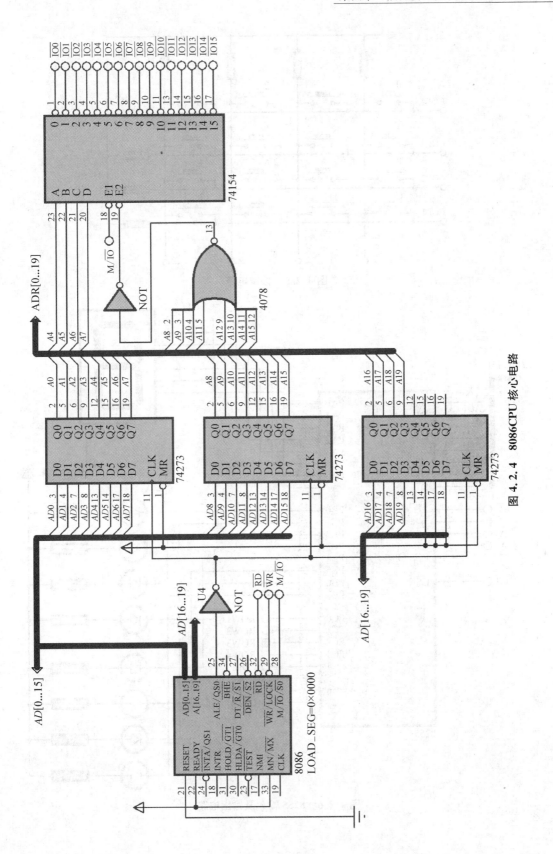

图 4.2.4　8086CPU 核心电路

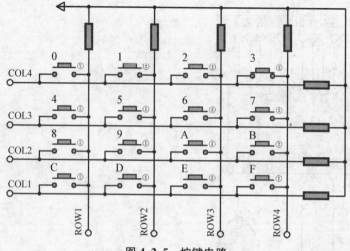

图 4.2.5　按键电路

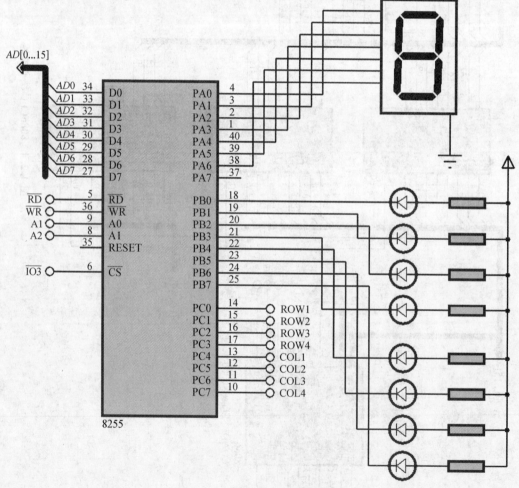

图 4.2.6　8255 输入及输出电路

三、仿真应用实例

实例使用的是 8086CPU 最小系统。用 74145 作译码器,输出的 IO3 口接 8255 的 CS 引脚,地址线 A1 接 8255 的 A0 口,地址线 A2 接 8255 的 A1 口,因此,8255 芯片的地址范围是 30H~36H。系统共有 16 个按钮输入数字 0~9 和字母 A~F,系统输出是 8 个 LED 灯和一个"8"字形的数码管,8 个 LED 灯共阳极接线,灯亮代表输出为 0,灯灭代表输出为 1。当一个按钮按下时,数码管上显示对应的按钮号码,同时 8 个 LED 灯显示其对应的二进制码。如:当按钮"2"按下,数码管上显示数字"2",LED 灯的显示为 00000010。

整个硬件接线如图 4.2.4~4.2.6 所示,包括 8086CPU 最小系统和译码电路、按键输入电路、8255 输入及输出电路。

完整的程序及注释如下:

```
IO3 EQU 30H

CODE SEGMENT 'CODE'          ;定义代码段
    ASSUME CS:CODE,DS:CODE
MAIN PROC
    MOV AX,CODE
    MOV DS,AX
L:
    MOV AL,10000001B         ;8255 初始化,写控制字
    MOV DX,IO3+6
    OUT DX,AL
    MOV DX,IO3+4
    MOV AL,00                ;PC 高四位送 0
    OUT DX,AL
NOKEY:
    IN AL,DX
    AND AL,0FH
    CMP AL,0FH               ;判断是否有按钮按下
    JZ NOKEY                 ;无按钮按下,跳转到 NOKEY
    CALL DELAY10
    IN AL,DX
    MOV BL,0
    MOV CX,4
```

```
LP1:                              ;判断 ROW1～4 哪个为 0
     SHR AL,1                     ;逻辑右移,原最低位移入进位标志 CF,最高位补 0
     JNC LP2                      ;CF = 0 跳转
     INC BL
     LOOP LP1
LP2:
     MOV AL,10001000B
     MOV DX,IO3 + 6
     OUT DX,AL
     MOV DX,IO3 + 4
     MOV AL,00                    ;PC 低四位送 0
     OUT DX,AL
     IN AL,DX
     AND AL,0F0H
     CMP AL,0F0H
     JZ L                         ;出错重头来
     MOV BH,0
     MOV CX,4
LP3:                              ;判断 COL1～4 哪个为 0
     SHL AL,1
     JNC LP4
     INC BH
     LOOP LP3
LP4:                              ;确定按下的按钮号码
     MOV AX,4
     MUL BH
     ADD AL,BL
     MOV DX,IO3 + 2
     OUT DX,AL                    ;8 个 LED 灯输出
     MOV BX,OFFSET SEGDATA
     XLAT
     MOV DX,IO3
     OUT DX,AL                    ;数码管输出
     MOV CX,0                     ;延时,输出一段时间。
J1:
```

```
    LOOP J1
    JMP L
    RET
MAIN ENDP


DELAY10 PROC
    MOV CX,882
    LOOP $
    RET
DELAY10 ENDP


SEGDATA DB 3FH,06H,5BH,4FH,66H,6DH,7DH,07H,7FH,6FH,77H,7CH,39H,5EH,79H,71H
CODE ENDS
END MAIN
```

运行结果如图 4.2.7 所示。

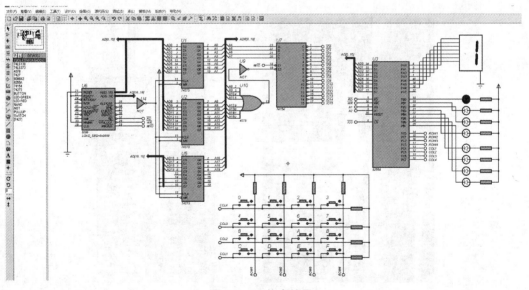

图 4.2.7　仿真结果

第五章 Andon 系统仿真实验

第一节 Andon 系统介绍

Andon 装置也称为"安灯",引自日本语音译,语义为"灯""灯笼",被称为现代汽车装配线的传递之眼。Andon 系统源于日本丰田公司,是一种车间信息化管理的工具,用于实时传递汽车装配线工况信息。早期的 Andon 装置由信号灯按钮组合集成。在丰田现场,生产工位安装有报警按钮,一旦现场出现设备故障、物料缺陷、生产工艺问题等情况时,就可通过现场装有的报警按钮进行 Andon 呼叫,将现场情况反映给其他相关工作人员,如果在一定时间内没有处理完,生产线就会自动停止。简单的 Andon 按钮如图 5.1.1 所示,旧 Andon 系统的指示灯及看板如图 5.1.2、5.1.3 所示。

图 5.1.1　简单的 Andon 按钮装置

在日本丰田公司采取 Andon 生产管理工具以后,Andon 逐渐在世界生产制造业中得到广泛使用并传播。近些年来,随着现代制造业的不断发展,Andon 系统已经不仅仅限于早期的功能,而形成了一套专业的自动化控制和信息管理系统,并集成在整个汽车 MES (Manufacturing Execution System,制造执行管理系统)当中,作为 MES 底层一个关键的系统。Andon 系统能控制和显示生产线上设备运行、产品质量、物料拉动状态和相关的生

图 5.1.2　旧 Andon 系统的指示灯

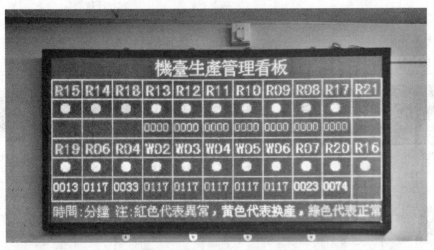

图 5.1.3　旧 Andon 系统的看板

产管理信息,实时统计生产线生产的产量和质量状态、生产设备的运行状况,让生产管理者能够准确了解生产运行。Andon 系统在装配流程中起着协调与保障装配节拍的信息集成督导作用。新型 Andon 系统的看板如图 5.1.4 所示。

　　Andon 系统的一般结构如图 5.1.5 所示,其工作流程是:

　　(1)当操作者需要帮助、发现质量等与产品制造、质量有关的问题时,他就拉下吊绳或用遥控器、按钮,激活 Andon 系统,该信息通过操作工位信号灯、Andon 看板、广播将信息发布出去,提醒所有人注意。

　　(2)班组长响应质量要求,与操作工一同确定问题。如果班组长可以解决问题,重新

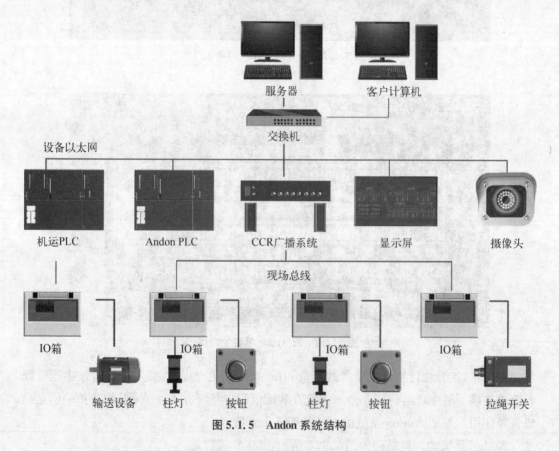

图 5.1.4 新 Andon 系统的看板

图 5.1.5 Andon 系统结构

拉下吊绳、遥控器或按钮,系统恢复正常。如果确定的问题必须向其他部门求助解决,则班组长通过设置在区域的集中呼叫台进行呼叫,将信息类型、呼叫内容再次通过 Andon 看板、广播将信息发布出去,呼叫物料、质量、油漆、维修等部门前去处理问题。

第二节　Andon 系统模拟实验及仿真

一、实验目的

（1）熟悉实验设备和软件开发平台的使用；

（2）了解 Andon 系统及其执行过程；

（3）掌握 8259 中断芯片和缓冲器、锁存器的使用方法及应用；

（4）掌握汇编语言编程的技巧和调试方法。

二、实验设备

DICE‑8086 微机接口原理实验仪及配套软件平台，计算机一套。

三、实验内容

实验模拟 Andon 系统的基本功能。当生产线上某一工位发生了异常，当前工位的 Andon 设备亮红灯，操作工人看到红灯后立马按下求助按钮，这时 Andon 设备上亮起黄灯，请求帮助。班组长、维护人员将对帮助请求做出反应，故障解除后，Andon 设备恢复亮绿灯，熄灭红灯和黄灯。

实验中使用 8086CPU 来控制 Andon 设备的亮灯，红灯代表当前工位异常，黄灯代表请求帮助，绿灯代表运行正常。按下 AN 按钮模拟当前工位的设备突发故障，故障信号通过 8259 芯片向 CPU 请求中断，CPU 收到中断请求后进入中断服务程序，通过 74LS273 锁存器让红灯亮起来。开关 K1 模拟了求助按钮，当红灯亮起后，拨动开关 K1 至高电平，让黄灯亮起来请求帮助。拨动开关 K1 至低电平，代表故障解除，设备恢复正常，这时应让绿灯亮起，红灯和黄灯熄灭。

四、实验区域电路连接图

实验区域电路连接图如图 5.2.1 所示。

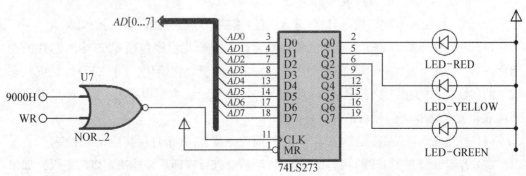

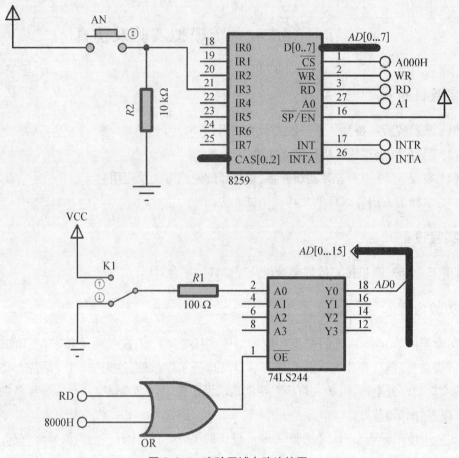

图 5.2.1 实验区域电路连接图

五、编程指南

(1) 按下 AN 按钮,输出一个脉冲波,8259 初始化时要设置为边沿触发。

(2) 8259 的 IR0 接中断输入信号,初始化时要将其余中断输入口 IR1~IR7 屏蔽,以免误产生中断。

(3) 设置中断矢量,将中断服务程序入口地址送入中断矢量表的相应单元,在本系统中,用户可用的中断矢量表区域为 00010H~000FFH。

(4) AN 按钮按下代表设备异常,进入中断,编制中断服务程序,使得红灯亮。

(5) 主程序通过 74LS273 控制红黄绿三个灯。初始化程序包括 8259 中断芯片的初始化(ICW1~ICW4 和 OCW1 的控制字设置)、中断向量表初始化、三个 LED 灯亮灭状态记录的初始化、开关 K1 状态记录的初始化(初始状态默认为低电平)。主程序里需要循环读取开关 K1 的状态,判断是否要亮黄灯。

(6) 若读取到开关 K1 的状态是高电平,则要亮黄灯,其余灯保持原状态不变。

(7) 若读取到开关 K1 的状态是低电平,则需要进行判断后才能决定灯的亮灭。如果开关 K1 前一次读取的状态也是低电平,那么灯的亮灭情况不变。如果开关 K1 前一次读取的状态是高电平,则说明开关 K1 的状态从高电平变化为低电平,表明故障已解除,此时,要熄灭红灯和黄灯,点亮绿灯。

六、程序框图

程序框图如图 5.2.2 所示。

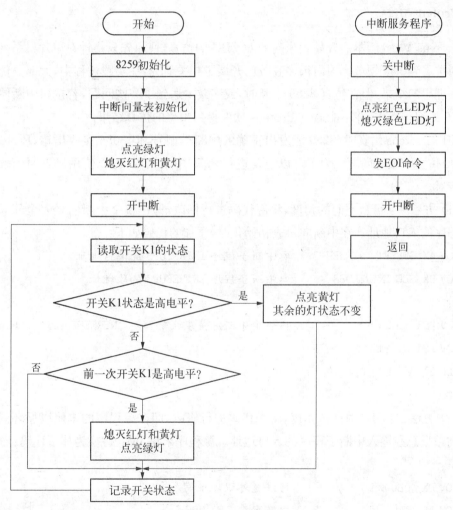

图 5.2.2　程序框图

七、实验步骤

(1) 按连线图连接好电路,检查无误后打开实验箱电源。

(2) 在 PC 端软件开发平台上输入自己编制的程序,编译通过后下载到实验箱。

(3) 运行程序后,绿色 LED 灯亮表明程序运行在主程序,一切正常。

（4）按下 AN 开关按钮，应当红色 LED 灯亮，绿色 LED 灯灭，执行中断服务程序。表明工位上的机器突然出现故障，亮起红灯报警。

（5）亮红灯后，拨动开关 K1，将其打到高电平，进行 Andon 呼叫，亮黄灯，等待管理人员处理。此时，黄灯和红灯都亮，绿灯灭。

（6）拨动开关 K1 至低电平，表明故障已经处理完成，红灯黄灯都熄灭，绿灯亮。

（7）如果运行不正常就要检查连线、程序。排查错误，修改程序，直到运行程序正常。

八、Proteus 仿真

Proteus V7.6 版本后开始提供对 8086CPU 的仿真，使原先只是针对单片机系列的仿真逐渐扩展到 x86 领域。国内很多高校已开展了相关研究，在实践过程中，大部分仿真都获得了理想的结果，但在仿真 8259 中断时，或多或少遇到了一些问题，若按照中断原理以及 8259 的编程操作，并不能通过 Proteus 软件得到预想的仿真结果。

使用 Proteus 仿真时，8259 能发出正确的中断类型号，但 8086 接收出错，Proteus 中的 8086 仿真模型有问题。为了可以正常进行 8259 中断实验，可以使用以下两个解决方法来应对。

（1）方法一：可从空间的角度，将源代码进行修改，即把整个中断向量表全部写入中断子程序的入口地址。在中断向量表初始化时，添加的代码如下：

```
MOV AX,OFFSET INTREEUP3    ;取中断子程序 INTREEUP3 的偏移地址
MOV BX,SEG INTREEUP3       ;取中断子程序 INTREEUP3 的段地址
L:
MOV [SI],AX                ;将整个中断向量表全部写入 INTREEUP3 的入口地址
MOV [SI+2],BX
ADD SI,R
LOOP L
```

（2）方法二：可从时间的角度，将源代码进行修改，即在源程序的末尾以循环的方式不断向数据总线输入中断子程序的入口地址。源程序末尾 JMP 替换为如下代码：

```
L1:
MOV DX, 0B000H            ;将任意外设地址写入 DX
MOV AL,0BH               ;中断类型号为 0BH
OUT DX,AL
JMP L1
```

通过以上两种方法，在无中断嵌套的情况下可以进行正确的中断仿真。

对于方法二，进入程序段 L1 后，变为等待中断的状态，无法再执行其他的主程序任务了。在本实验中，主程序除了等待中断信号外，还需要不停地检测求助开关的状态。因此，使用方法二时，需要对源程序的逻辑进行一定的修改。我们可以在主程序里用时间分

配和中断次数限制的方法来解决这个问题。主程序的主要内容是响应设备异常的中断信号和检测求助开关 K1 的状态，并控制对应的 LED 灯。设 WAITING 程序段为等待中断的程序，用 CX 寄存器的值来控制响应中断的次数，接收到中断后就立即跳出循环执行其他的主程序内容，BX 寄存器中的值用来控制时间，分配一个固定的时间只用来接收中断，超过时间即跳出循环执行其他程序。对主程序的修改如下：

```
    MOV CX,01H                   ;接收中断的次数
    MOV BX,0FFFFh                ;控制接收中断的时间
    WAITING:
            MOV DX,0B000H
            MOV AX,0BH           ;中断类型号为 0BH
            OUT DX,AX
            CMP CX,0H
            JZ   READ            ;有执行过中断了,就跳出到下一段程序
            DEC BX               ;BX 减 1
            CMP BX,0H
            JZ READ              ;时间到了跳出到下一段程序
    JMP WAITING
```

在中断服务程序 INTREEUP3 中，执行完中断程序后，添加语句 DEC CX，将 CX 里的值减 1，表明执行过了一次中断。程序经过这样修改后，就能正确地进行仿真了。

九、参考程序

参考程序如下：
```
CODE SEGMENT
ASSUME CS:CODE
ORG 100H

    INTPORT1 EQU 0A000H     ;8259 偶地址
    INTPORT2 EQU 0A002H     ;8259 奇地址

    HELP_ON   EQU 01H       ;报警开关开
    HELP_OFF EQU 00H        ;报警开关关

    LIGHT   DB 0H
    KEY     DB 0H
```

```
START:
        CLI
        CLD
        MOV LIGHT, OH          ;灯的状态
        MOV KEY, HELP_OFF      ;前一次开关的状态


        ;中断向量表初始化
        MOV AX, OH
        MOV ES, AX
        MOV DI, 002CH          ;中断向量地址 2CH = OBH * 4
        LEA AX, INTREEUP3
        STOSW                  ;送偏移地址
        MOV AX, SEG INTREEUP3
        STOSW                  ;送段地址


        ;8259 初始化
        MOV AL, 13H            ;ICW1 = 00010011B, 边沿触发、单 8259、需 ICW4
        MOV DX, INTPORT1
        OUT DX, AL
        MOV AL, 08H            ;ICW2 = 00001000B, IR3 进入则中断号 = OBH
        MOV DX, INTPORT2
        OUT DX, AL
        MOV AL, 01H            ;ICW4 = 00001001B, 非特殊全嵌套方式、缓冲/从、自动 EOI
        OUT DX, AL
        MOV AL, 0F7H           ;OCW1 = 11111110B
        OUT DX, AL


        ;灯初始化
        MOV DX, 9000H          ;初始化绿灯亮
        MOV LIGHT, 0100B
        MOV AL, LIGHT
        NOT AX
        OUT DX, AX


        STI
```

```
    MOV CX,01H          ;接收一次中断
    MOV BX,0FFFFH       ;控制时间
    WAITING:
    MOV DX,0B000H       ;PROTEUS 中 8086 模型有问题,它取得的中断号是最后发
到总线上的数据,并不是由 8259 发出的中断号
    MOV AX,0BH
    OUT DX,AX
    CMP CX,0H
    JZ   READ           ;有过中断了,就跳出
    DEC BX
    CMP BX,0H
    JZ READ             ;时间到了跳出
    JMP WAITING


READ:
    ;读开关 K1 状态
    MOV DX,8000H
    IN AX,DX
    AND AX,01H          ;只保留最后一个状态(开关状态)
    CMP AX,HELP_ON
    JZ Y1               ;报警开关开了,Y1 亮黄灯
    CMP KEY,HELP_ON     ;报警开关为关,判断之前是开还是关
    JZ G1               ;G1 亮绿灯,熄灭红灯黄灯
    MOV KEY,AL


S2:
    MOV CX,01H          ;准备接收新中断
    MOV BX,0FFFFH
    STI
    JMP WAITING


INTREEUP3:
    CLI
    PUSH DX
    PUSH AX
```

```
            MOV DX,9000H
            OR LIGHT,001B      ;亮红灯
            ND LIGHT,0FBH      ;灭绿灯
            MOV AL,LIGHT
            NOT AL
            OUT DX,AL
            CALL DELAY
            CALL DELAY
            DEC CX
            INTRE2:
            MOV AL,20H           ;OCW2 = 001 00 000B 非特殊 EOI 命令
            MOV DX,INTPORT1
            OUT DX,AL
            POP AX
            POP DX
            STI
        IRET
    Y1:
            ;请求帮助,亮黄灯
            MOV DX,9000H
            OR  LIGHT,010B
            MOV AL,LIGHT
            NOT AL
            OUT DX,AL
            MOV KEY,HELP_ON   ;本次报警开关为开,记录数据
            JMP S2

    G1:
            ;故障解除,亮绿灯,灭黄灯、红灯
            MOV DX,9000H
            MOV LIGHT,100B
            MOV AL,LIGHT
            NOT AL
            OUT DX,AL
            MOV KEY,HELP_OFF
```

```
        JMP S2


DELAY：
        PUSH CX
        MOV CX, 0FFFFH
        LOOP  $
        POP CX
        RET


CODE ENDS
END START
```

十、实验报告要求

(1) 按实验内容的要求,记录调试成功的程序并写注释;

(2) 根据编写的程序,画出对应的程序框图;

(3) 绘制完整的实验电路连接图;

(4) 记录实验过程中遇到的问题及心得体会。

第六章　气缸控制实验

第一节　气缸控制实验背景介绍

一、气缸的介绍及其工作方式

气缸是引导活塞在缸内进行直线往复运动的圆筒形金属机件。空气在发动机气缸中通过膨胀将热能转化为机械能；气体在压缩机气缸中接受活塞压缩而提高压力。涡轮机、旋转活塞式发动机等的壳体通常也称"气缸"。气缸的应用领域有：印刷（张力控制）、半导体（点焊机、芯片研磨）、自动化控制、机器人等。气压传动是将压缩气体的压力能转换为机械能。

本实验用的是 Airtac MAL20X75 型号的迷你气缸。气缸外形如图 6.1.1 所示，规格如表 6.1.1 所示，内部结构及材质如表 6.1.2 所示。

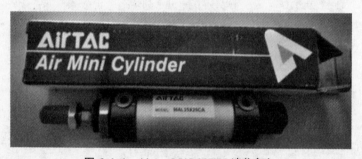

图 6.1.1　Airtac MAL20X75 迷你气缸

表 6.1.1　气缸规格

	内径（mm）	16	20	25	32	40	50	63
动作型式	MSA/MTA	单动型					—	
	MA/MAD/MAJ	复动型					—	
	MAR	—	复动型					
	MAC/MACD/MACJ	—	复动缓冲型					
工作介质		空气（经 40 μm 以上滤网过滤）						

内径(mm)		16	20	25	32	40	50	63
使用压力范围	复动型	0.1~1.0 MPa(15~145 psi)(1.0~10.0 bar)						
	单动型	0.2~1.0 MPa(28~145 psi)(2.0~10.0 bar)						
保证耐压力		1.5 MPa(215 psi)(15 bar)						
工作温度(℃)		−20~70						
使用速度范围(mm/s)		复动型:30~800　单动型:50~800						
行程公差范围		$0 \sim 150^{+1.0}_{0} > 150^{+1.4}_{0}$						
缓冲型式		MAC、MACD、MACJ 系列:可调缓冲　　其他系列:防撞垫						
接管口径		M5×0.8		PT1/8			PT1/4	

表 6.1.2　MA–CA 型气缸内部结构及材质

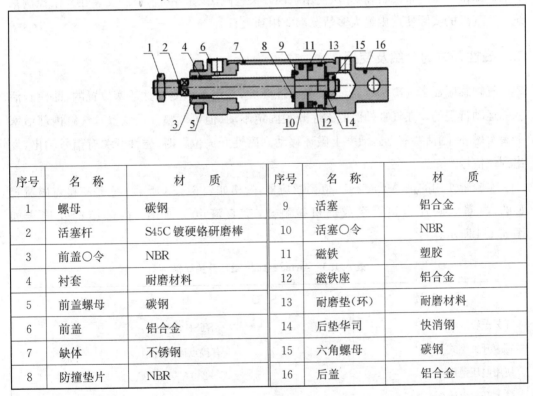

序号	名　称	材　质	序号	名　称	材　质
1	螺母	碳钢	9	活塞	铝合金
2	活塞杆	S45C 镀硬铬研磨棒	10	活塞〇令	NBR
3	前盖〇令	NBR	11	磁铁	塑胶
4	衬套	耐磨材料	12	磁铁座	铝合金
5	前盖螺母	碳钢	13	耐磨垫(环)	耐磨材料
6	前盖	铝合金	14	后垫华司	快消钢
7	缺体	不锈钢	15	六角螺母	碳钢
8	防撞垫片	NBR	16	后盖	铝合金

　　双作用气缸与单作用气缸的进出气结构如图 6.1.2、6.1.3 所示。实验中使用的气缸是双作用气缸。双作用气缸是指从活塞两侧交替供气,在一个或两个方向输出力。

　　单作用气缸带弹簧复位功能,而双作用气缸不带弹簧复位功能。如果阀门初始状态是关闭的,俗称"气开式",通气后阀门开启,如果突然气源断掉了,这时弹簧复位功能就起作用了,弹簧复位会把阀门关闭掉。同理,如果阀门初始状态是开启的,俗称"气闭式",通气后阀门关闭,如果突然气源断掉了,这时候弹簧复位会把阀门打开。而对于双作用气缸,阀门无论是开启还是关闭都需要气源,如果突然气源断掉,阀门就保持在当时的状态下,气源重新连接上以后阀门才能继续工作。

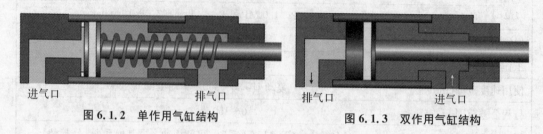

进气口 排气口	排气口 进气口
图 6.1.2 单作用气缸结构	图 6.1.3 双作用气缸结构

实验用的气缸的活塞上附有磁石。磁石是气缸运行位置反馈信号输出的必需品。如果气缸是自动控制系统的一部分,比如需要用可编程控制器编程的系统,就必须用带有磁石的。如果气缸不带磁石,就无法使用磁性开关检测活塞的位置,没法安装在复杂控制系统中。气缸的实际使用中绝大多情况都要用到磁石。

二、磁性开关的介绍及使用

气缸感应器多为磁感应器,也就是磁性开关,是用来检测气缸活塞位置的,即检测活塞的运动行程的。在气缸外部的磁性开关固定不动(但可调整开关位置),气缸内部活塞上装有磁环(随活塞移动),活塞上磁环移动到磁性开关位置时,磁性开关有信号输出,发出到位信号。

实验中使用的是 Airtac cs1u20 磁感应器,规格如表 6.1.3 所示。它是有接点磁簧管型的,内部为两片磁簧管组成的机械触点,交直流电源通用。内部结构及接线如图 6.1.4 所示。

表 6.1.3 Airtac cs1u20 磁性开关规格

项目\型号	CS1-U	CS1-UX
开关逻辑	STSP 常开型	
感应开关型式	有接点磁簧管型	
使用电压范围(V)	5～240 V AC/DC	
最大开关电流(mA)	100	
最大接点容量(W)	Max. 10	
内部消耗电流	无	
残余压降	2.5 V Max. @100 mA DC	
电缆线	φ4.0,2C 灰色耐油 PVC(阻燃型)	
指示灯	红色 LED	无

续　表

项目\型号	CS1-U	CS1-UX
拽漏电流	无	
感应灵敏度（Gauss）	60～75	
最大切换频率（Hz）	200	
抗冲击性（m/s²）	300	
耐震性能（m/s²）	90	
使用温度范围（℃）	－10～70	
保护等级	IP67（NEMA6）	
保护回路	无	

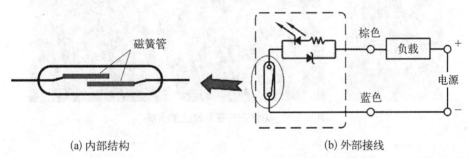

(a) 内部结构　　　　　　　　　(b) 外部接线

图 6.1.4　有接点磁簧管型的磁性开关结构及接线

当随气缸移动的磁环靠近感应开关时，感应开关的两根磁簧片被磁化而使触点闭合，产生电信号；当磁环离开磁性开关后，舌簧片失磁，触点断开，电信号消失。这样可以检测到气缸的活塞位置，从而控制相应的电磁阀动作。

实验中要用到 2 个磁性开关，来用作气缸行程的上下限位。用二位五通的电磁阀，进气驱动气缸动作，当气缸下行和上行分别感应到磁性开关后，电磁阀得信号，进行切换。磁性开关在气缸上的安装示意图如图 6.1.5 所示。

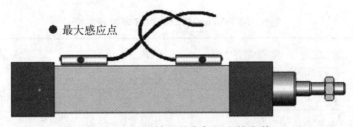

图 6.1.5　磁性开关在气缸上的安装

此磁性开关安装需用绑带固定，最终安装好的样子如图 6.1.6 所示。

图 6.1.6　磁性开关在气缸上的安装

三、电磁阀的介绍及使用

电磁阀(Electromagnetic valve)是用电磁控制的工业设备,是用来控制流体的自动化基础元件,属于执行器,并不限于液压、气动。用在工业控制系统中,调整介质的方向、流量、速度和其他的参数。电磁阀可以配合不同的电路来实现预期的控制,而控制的精度和灵活性都能够保证。电磁阀有很多种,不同的电磁阀在控制系统的不同位置发挥作用,最常用的是单向阀、安全阀、方向控制阀、速度调节阀等。

实验中用到的是 Airtac 4V210 - 088 电磁阀,它是一个二位五通电磁阀,其规格如表 6.1.4 所示。外部样子如图 6.1.7 所示。

表 6.1.4　Airtac 4V210 - 088 电磁阀规格

品　牌	亚德客	名　称	二位五通电磁阀
型号	4V210 - 088	工作介质	气体
动作方式	内部引导式	润滑	不需要(润滑可延长寿命)
使用压力(kgf/cm²)	15～8	工作温度(℃)	-5～60
最大耐压力(kgf/cm²)	12	防护等级	IP65
电力范围(%)	-15～10	绝缘性能	F 级

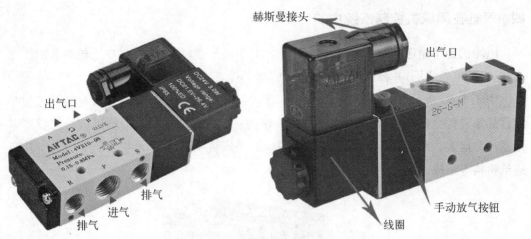

图 6.1.7　Airtac 4V210‑088 电磁阀

　　二位五通电磁阀的工作原理如图 6.1.8 所示。

　　电磁阀起始状态时,1,2 进气;4,5 排气;线圈通电时,静铁芯产生电磁力,使先导阀动作,压缩空气通过气路进入先导阀,使活塞启动,在活塞中间,密封圆面打开通道,1,4 进气,2,3 排气;当断电时,先导阀在弹簧作用下复位,恢复到原来的状态。这样,电磁阀在先导阀活塞和主活塞杆另端弹簧的共同作用下运动,完成二位五通的切换。

　　电磁阀的气路接线如图 6.1.9 所示。

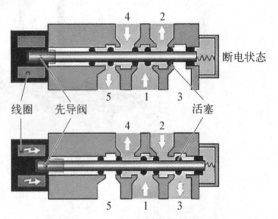

图 6.1.8　二位五通电磁阀工作原理

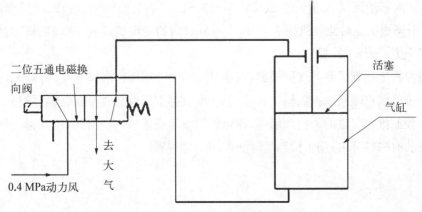

图 6.1.9　电磁阀的外部气路接线

四、气缸在码垛机控制系统中的应用

码垛机是将输送机输送来的料袋、纸箱或是其他包装材料,按照客户工艺要求的工作方式,自动堆叠成垛,并将成垛的物料进行输送的设备。

图 6.1.10 所示的码垛机是一种专门用于食品包装箱的桥式码垛机,可对各种已包装的食品箱进行全自动码垛作业,将食品包装箱按一定的排列模式自动堆码成所需垛形以便摆放和运输。此码垛机主要由托盘输送机构、码垛机械手、升降电机、行走电机、空托盘进给机构等组成。此码垛机的工作顺序是:

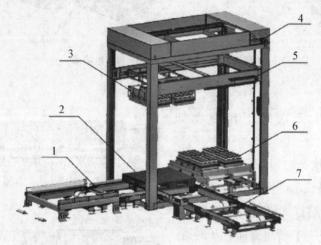

1—托盘输送机构;2—托盘;3—码垛机械手;4—升降电机;
5—行走电机;6—食品包装箱;7—空托盘进给机构

图 6.1.10　码垛机结构

(1) 食品包装箱经包装机输送至码垛机械手下方,待机械手抓取后升降电机正转,驱动机械手上升;

(2) 上升到位后行走电机正转,驱动机械手横向移动到托盘上方;

(3) 横向移动到位后,升降电机反转驱动机械手下降,下降到位后释放包装箱;

(4) 升降电机正转驱动机械手上升,上升到位后行走电机反转,驱动机械手回到抓取工作位置上方,等待下次抓取。

此码垛机上用到了两处气缸控制,都采用气动控制,具有动作迅速、清洁无污染的特点。用一个气动电磁阀来控制机械手的气爪,使其抓取或释放食品包装箱,用另一个气动电磁阀来控制推箱气缸的伸出和缩回,在包装箱堆垛完成后,可将托盘推入输送轨道。气缸上均安装有磁性开关,用于检测气缸活塞的运动位置。

第二节　气缸控制实验及仿真

一、实验目的

（1）了解气缸、磁性开关和电磁阀，并掌握其使用方法；

（2）熟悉实验设备和软件开发平台的使用；

（3）掌握缓冲器、锁存器的使用方法及应用；

（4）掌握汇编语言编程的技巧和调试方法。

二、实验设备

DICE - 8086 微机接口原理实验仪及配套软件平台，计算机一套，气缸 MAL20X75 一个，电磁阀 4V210 - 08 一个，磁性开关 CS1 - F 两个，继电器、电阻、三极管、二极管等若干电子元件。

三、实验内容

实验使用 8086CPU，通过磁性传感器来检测气缸状态，通过电磁阀来控制气缸。在气缸达到上下限位时，切换电磁阀状态，使得气缸活塞不断地来回运动。

四、实验连接图及电路绘制

整个实验设备的连接图如图 6.2.1 所示。

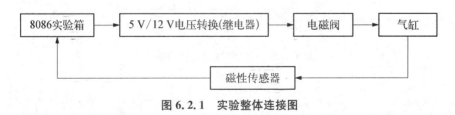

图 6.2.1　实验整体连接图

图 6.2.2 是 3 个地址接口，通过 74LS138 芯片选信号，输出 3 个地址接口，8000H、9000H 和 A000H，在实验中可直接使用这些地址接口。

图 6.2.3 是磁性传感器信号的接收电路。由于绘制电路图的 Proteus 软件里无磁性传感器这个元器件，因此使用开关来代替。TOP 代表的是气缸上部的传感器，BOTTOM 代表气缸下部的传感器，用作气缸的上下限位。开关闭合表示气缸的活塞到达此传感器处，感应开关的弹簧片闭合，产生电信号。

图 6.2.4 是电磁阀的控制电路。由于 8086CUP 的 IO 口输出的是 5 VDC，而电磁阀的驱动电压是 12 VDC，因此实验电路中需要加入转换电路来控制电磁阀。这里使用了继

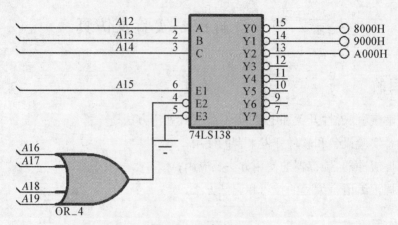

图 6.2.2　地址接口

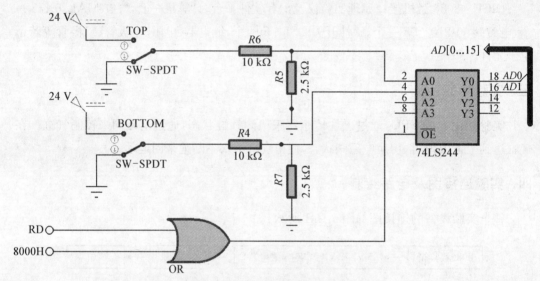

图 6.2.3　磁性传感器信号的接收

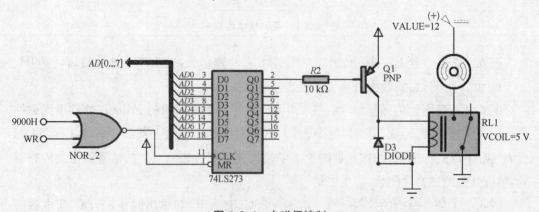

图 6.2.4　电磁阀控制

电器来做转换,利用 5 V 电压信号控制电磁阀开闭。同样的,由于绘制电路图的 Proteus 软件中无电磁阀这个元件,这里就使用了一个电机代替电磁阀,可通过观察电机是否运转,来判断是通电还是断电状态。

五、编程指南

(1) 程序初始化时,74LS273 的 Q0 端口输出高电平,继电器左侧电压为 0 V,电磁阀为断电状态,电磁阀的一个出气口出气,将气缸活塞慢慢向 TOP 端推动。

(2) 气缸活塞到达某一个磁性传感器处时,CPU 通过 74LS244 读取到传感器发来的信号,改变电磁阀的通断电状态,使得活塞反向移动。

(3) 气缸的活塞移动到气缸中部时,两端的磁性传感器都不发出信号,此时,电磁阀的通断电状态应该保持不变,直到接收到新的传感器信号。

六、程序框图

程序框图如图 6.2.5 所示。

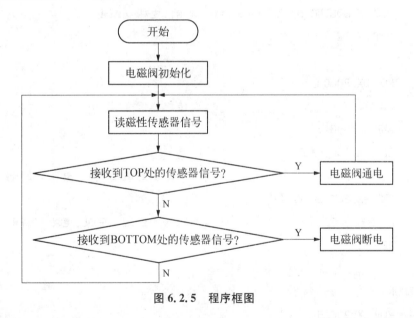

图 6.2.5　程序框图

七、实验步骤

(1) 根据电路图选择元器件进行连接,检查无误后打开实验箱电源。

(2) 在 PC 端软件开发平台上输入自己编制的程序,编译通过后下载到实验箱。

(3) 运行程序。

(4) 观察气缸的运行状态,观察气缸活塞是否在上下限位间不断运动。

(5) 如果运行不正常就要检查元器件、连线、程序。排查错误,修改程序,直到运行程序正常。

八、参考程序

参考程序如下：

```
CODE SEGMENT
ASSUME CS:CODE
ORG 100H
SOLINOID_VALVE_ON   EQU 00H        ;电磁阀通电,74LS273 输出低电平
SOLINOID_VALVE_OFF EQU 01H         ;电磁阀断电,74LS273 输出高电平
TOP_VALUE EQU 01H;0001B            ;磁牲开关 TOP 处传来感应信号
BOTTOM_VALUE EQU 02H;0010B         ;磁牲开关 BOTTOM 处传来感应信号

START:
        MOV DX,9000H
        MOV AX,SOLINOID_VALVE_OFF  ;初始化电磁阀断电
        OUT DX,AX
S1:
        MOV DX,8000H
        IN AX,DX                   ;读传感器信号
        AND AX,03H
        CMP AX,TOP_VALUE
        JZ POWERON                 ;气缸活塞到达 TOP 处,电磁阀通电
        CMP AX,BOTTOM_VALUE
        JZ POWEROFF                ;气缸活塞到达 TOP 处,电磁阀断电
        JMP S1

POWERON:
        MOV DX,9000H
        MOV AX,SOLINOID_VALVE_ON
        OUT DX,AX
        JMP S1

POWEROFF:
        MOV DX,9000H
        MOV AX,SOLINOID_VALVE_OFF
```

```
        OUT DX,AX
        JMP S1

    CODE ENDS
    END START
```

九、实验报告要求

（1）按实验内容的要求，记录调试成功的程序并写注释；

（2）根据编写的程序，画出对应的程序框图；

（3）绘制完整的实验线路连接图；

（4）记录实验过程中遇到的问题及心得体会。

附录一 8086 指令详解

（按英文字母顺序排列）

本附录中涉及的指令系统符号说明，如表 A.1.1 所示。

表 A.1.1 附录一涉及的指令系统符号说明

符 号	意 义
%	模
&	与
*	乘法
+	加法
—	减法
/	除法
||	异或（或等于）
|	或（或除）
←	赋值
((BX))	这个意思是 8 位操作数，该存储单元的内容的地址由寄存器 BX 的内容指出。该符号不在源语句中出现
((BX)+1,(BX))	意思是这里存放一个 16 位操作数
((DX)+1,(DX))	这个 16 位操作数的存储器单元低字节由 DX 指出，而高字节由相邻的寄存单元指出
(…)	括号意思是寄存器或存储器单元的内容
(BX)+1,(BX)	是一 16 位操作数的地址，这个操作数的低 8 位放在寄存器 BX 的内容指出的存储器单元中，该操作数的高 8 位放在相邻存储器单元(BX)+1 中
(BX)	表示寄存器 BX 的内容，它可作为存放 8 位操作数的地址。如果用于汇编指令，BX 只用方括号扩起
addr+1:addr	存储器中两个连续字节的地址，从 addr 开始
addr-high	一个地址的高字节
addr-low	一个地址的低字节
addr	存储器内字节的地址（16 位）

符　　号	意　　　　义
AF	辅助进位标志
AH	累加器 AX(高字节)
AL	累加器 AX(低字节)
AX	累加器(16 位)
BH	寄存器 BX 高字节
BL	寄存器 BX 低字节
BP	基址指针(16 位)
BX	寄存器 BX(16 位)
CF	进位标志
CH	寄存器 CX 高字节
CL	寄存器 CX 低字节
CS	代码段寄存器(16 位)
CX	寄存器 CX(16 位)
d	指令中的一位表示方向的字段,由它指定寄存器是源还是目的单元。d＝0 时,r/m 为目的;d＝1 时,reg 为目的
data-high	16 位数据字的高字节
data-low	16 位数据字的低字节
data	立即操作数(w＝0 时为 8 位;w＝1 时为 16 位)
DF	指令步进方向标志(用于字符串操作)
DH	寄存器 DX 的高字节
disp-high	16 位位移量的高字节
disp-low	16 位位移量的低字节
disp	位移量
DI	目标变址寄存器(16 位)
DL	寄存器 DX 的低字节
DS	数据段寄存器(16 位)
DX	寄存器 DX(16 位)
EA	有效地址(16 位)
ES	附加段寄存器(16 位)
Flags	存放 9 位标志位的 16 位寄存器

续　表

符　号	意　义
IF	中断允许标志
imm	立即数据。当 w＝1 时,为 16 位数据;当 w＝0 时,为 8 位数据
IP	指令指针(16 位)
LSRC,RSRC	左操作数,右操作数。左操作数称为目的操作数,右操作数为源操作数
mod	mod　r/m 字节中的第 7,6 位,这两位字段定义存储方式
OF	溢出标志
PF	奇偶标志
r/m	寄存器/存储器。mod　r/m 字节中的第 2,1,0 位用于存取寄存器操作数。这三位字段连同"mod"和"w"字段来定义 EA
reg	通用寄存器。在一条指令中说明寄存器的字段,共 3 位。当 w＝1 时,为 AX\CX\DX\BX\SP\BP\SI\DI 寄存器中的某一个;当 w＝0 时,为 AL\CL\DL\BL\AH\CH\DH\BH 寄存器中的某一个
SF	符号标志
SI	源变址寄存器(16 位)
SP	堆栈指针(16 位)
SS	堆栈段寄存器(16 位)
TF	陷阱-执行单步指令标志
w	一条指令中的一位字段,w＝0 表示字节(8 位)指令,w＝1 表示字(16 位)指令
ZF	零标志

8086 指令编码的基本格式有四大类。

(1) 寄存器、存储器的存取指令(Ⅰ):

这类指令中的操作数是采用通用寄存器(或段寄存器)和寄存器/存储器。比如传送指令、二项运算指令就是这种指令。根据 d 值不同决定哪一个是目的寄存器。

0 0 0 0 0 0	0	0	0 0	0 1 0	1 0 0	位移	立即数据
OP 码	d	w	mod	reg	r/m		

(2) 寄存器、存储器的存取指令(Ⅱ):

操作数为寄存器/存储器的指令。单项运算、移位、循环指令都属于这种指令。

1 1 1 1 1 1 1	0	0 0	0 0 0	1 0 0	位移
OP 码	w	mod	辅助操作码	r/m	

（3）AL、AX 寄存器的有关指令：

这些指令是为了保持与 8085A 兼容而准备的。AL、AX 寄存器指定作为累加器。有传送、二项运算指令。虽然在寄存器、存储器的存取指令（Ⅰ）中也有与此功能相同的指令编码，但 AL、AX 寄存器的存取如采用这种方式，指令编码比较短（汇编程序将会自动变换到这种编码）。

0000010	0	直接地址	位移
OP 码	w		

（4）其他指令：

所谓其他指令是指上述三种指令以外的指令，基本上具有 8 位操作码（其中也有的指令有 reg 字段）。属于这种指令的有分支转移指令、标志操作指令等。

01110010	立即数据	位移
OP 码		

8086 微处理器有几种寻址方式，这些寻址方式是用操作（OP）码中的 mod（2 位）及 r/m（3 位）共 5 位字段来指定的。当 mod＝11 时称为寄存器方式，存取通用寄存器，寄存器的指定是由 r/m 字段进行的。当 mod≠11 时称为存储器方式，存取存储器。在 mod＝00，r/m＝110 时为直接地址寻址方式，其余均是间接地址寻址方式。在为存储器方式时，用 r/m 指定基址、变址及基址＋变址。

表 A.1.2 列出了 8086 微处理器的各种寻址方式。

表 A.1.2　8086 微处理器的寻址方式

r/m ＼ mod	存 储 器 方 式			寄存器方式	
	有效地址的计算公式			w＝0	w＝1
	00	01	10	11	
000	(BX)＋(SI)	(BX)＋(SI)＋D8	(BX)＋(SI)＋D16	AL	AX
001	(BX)＋(DI)	(BX)＋(DI)＋D8	(BX)＋(DI)＋D16	CL	CX
010	**(BP)＋(SI)**	**(BP)＋(SI)＋D8**	**(BP)＋(SI)＋D16**	DL	DX
011	**(BP)＋(DI)**	**(BP)＋(DI)＋D8**	**(BP)＋(DI)＋D16**	BL	BX
100	(SI)	(SI)＋D8	(SI)＋D16	AH	SP
101	(DI)	(DI)＋D8	(DI)＋D16	CH	BP
110	D16(直接地址)	**(BP)＋D8**	**(BP)＋D16**	DH	SI
111	(BX)	(BX)＋D8	(BX)＋D16	BH	DI

注：1. 表中**粗体字**的寻址方式中，缺席段使用(SS)。
　　2. mod、r/m、w：在指令中分别包括 2、3、1 位字段；
　　　 D16、D8：16 位或 8 位的位移（即在指令值上增加的 16 位或 8 位的值）；
　　　 (　)：表示寄存器的内容。

AAA(ASCⅡ adjust for addition)——加法的 ASCⅡ 修正指令

操作： 若 AL 的低 4 位大于 9 或辅助进位标志 AF 被置为"1"，则往 AL 中加 6，往 AH 中加 1，AF 与 CF 标志均被置位。结果 AL 中新的数值的高 4 位应为"0"，而低 4 位是上述加法所得出的数(0~9 之间的数)。

if((AL)&0FH)>9 or (AF)=1 then

(AL) ←(AL)+6

(AH) ←(AH)+1

(AF) ←1

(CF) ←(AF)

(AL) ←(AL)&0FH

编码：

0	0	1	1	0	1	1	1

定时(时钟)： 4

实例： AAAA ;在加法指令的后面使用

标志： 影响 AF,CF。

不确定 OF,PF,SF,ZF。

说明： AAA 指令用来对两个非压缩型的 BCD(ASCⅡ)数相加的结果(在 AL 中)进行修正，以获得一个非压缩型的十进制"和"。

AAD(ASCⅡ adjust for division)——除法的 ASCⅡ 修正指令

操作： 累加器的高位字节(AH)乘 10，然后与低位字节(AL)相加，结果存于 AL 中，再把 AH 清 0。

(AL) ←(AH)*0AH+(AL)

(AH) ←0

编码：

1	1	0	1	0	1	0	1	0	0	0	0	1	0	1	0

定时(时钟)： 60

实例： AAD ;在除法指令的前面使用

标志： 影响 PF,SF,ZF。

不确定 AF,CF,OF。

说明： 在两个非压缩型十进制数相除指令之前，用 AAD 指令对 AL 中的被除数进行修正，使除法指令执行后获得的商是一个非压缩型的十进制数。

AAM(ASCⅡ adjust for multiply)——乘法的 ASCⅡ 修正指令

操作：用 AL 除 10 的结果去置换 AH 中的内容,然后再用这次除法所产生的余数去代替 AL 中的内容,也就是对 AL 取模 10 的余数去代替 AL 的内容。

(AH) ←(AL)/0AH

(AL) ←(AL)%0AH

编码：

1	1	0	1	0	1	0	0	0	0	0	0	1	0	1	0

定时(时钟)：83

实例：AAM　　;在乘法指令后面使用

标志：影响 PF,SF,ZF。

　　　　不确定 AF,CF,OF。

说明：AAM 指令的功能是对两个非压缩型的十进制数相乘的结果(在 AX 中)进行修正,以获得非压缩型十进制数的积。

AAS(ASCⅡ adjust for subtraction)——减法的 ASCⅡ 修正指令

操作：若 AL 的低 4 位大于 9,或辅助进位标志 AF 置位,则从 AL 中减去 6,从 AH 中减去 1,AF 和 CF 标志被置位。AL 中老的数值被指令所建立的新数值代替,这个新数值的高 4 位为 0,低 4 位是 0~9 中的一个数。

if((AL)&0FH)>9 or (AF) = 1 then

　(AL) ←(AL) − 6

　(AH) ←(AH) − 1

　(AF) ←1

　(CF) ←(AF)

　(AL) ←(AL)&0FH

编码：

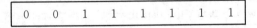

0	0	1	1	1	1	1	1

定时(时钟)：4

实例：AAS　　;在减法指令后面使用

标志：影响 AF,CF。

　　　　不确定 OF,PF,SF,ZF。

说明：AAS 指令对两个非压缩型十进制数相减的结果(在 AL 中)进行修正,以获得非压缩型十进制数的差值。

ADC（Add with carry）——带进位的加法指令

操作： 如果进位标志 CF 已经置位，那么 ADC 指令在往目的操作数（最左边）存入结果之前，要先将结果加 1。若进位标志 CF 没有置位（即为 0），则不往结果中加 1。

if(CF) = 1 then (DEST) ←(LSRC) + (RSRC) + 1

else (DEST) ←(LSRC) + (RSRC)

编码： 有三种格式。

（1）存储器或寄存器操作数与寄存器操作数相加：

0	0	0	1	0	0	d	w	mod	reg	r/m

if d = 1 then LSRC = REG, RSRC = EA, DEST = REG

else LSRC = EA, RSRC = REG, DEST = EA

定时（时钟）： （a）寄存器到寄存器 　3

（b）存储器到寄存器 　9+EA

（c）寄存器到存储器 　16+EA

实例： （a）ADC AX, SI

ADC ,SI　　　　　　　　　;和上面的功能一样

ADC DI, BX

ADC CH, BL

（b）ADC DX, MEM_WORD

ADC AX, BETA[SI]

ADC ,BETA[SI]　　　　　;与上面一样

ADC CX, ALPHA[BX][SI]

（c）ADC BETA[DI], BX

ADC ALPHA[BX][SI], DI

ADC MEM_WORD, AX

（2）立即操作数到累加器：

0	0	0	1	0	1	0	w	data	data if w=1

if w = 0 then LSRC = AL, RSRC = data, DEST = AL

else LSRC = AX, RSRC = data, DEST = AX

定时（时钟）： 4

实例： ADC AL, 3

ADC AL, VALUE_13_IMM

ADC AX, 333

ADC AX, IMM_VAL_777

ADC ,IMM_VAL_777 ;与上面的指令一样

（3）立即操作数到存储器/寄存器操作数：

| 1 0 0 0 0 0 s w | mod 0 1 1 r/m | data | data if s:w=01 |

LSRC = EA, RSRC = data, DEST = EA

定时(时钟)：（a）立即数到存储器 17＋EA

（b）立即数到寄存器 4

实例：（a）ADC BETA[SI],4

ADC ALPHA[BX][DI],IMM4

ADC MEM_LOC,7396

（b）ADC BX,IMM_VAL_987

ADC DH,65

ADC CX,432

如果寄存器或存储器的字要与立即数字节相加,那么在加之前,要先进行符号扩展,把符号扩展到最高位(第 16 位),即把字节立即数扩展为字立即数。

标志：影响 AF,CF,OF,PF,SF,ZF。

说明：ADC 指令实现两个操作数的相加,若 CF 置位,则将结果加 1 后,送回目的操作数中去。

ADD(Addition)——加法指令

操作：将两个操作数的和存入目的(左边的)操作数中去。

(DEST) ←(LSRC) + (RSRC)

编码：有三种格式。

（1）存储器/寄存器操作数与寄存器操作数：

| 0 0 0 0 0 0 d w | mod reg r/m |

if d = 0 then LSRC = REG, RSRC = EA, DEST = REG

else LSRC = EA, RSRC = REG, DEST = EA

定时(时钟)：（a）寄存器到寄存器 3

（b）存储器到寄存器 9＋EA

（c）寄存器到存储器 16＋EA

实例：（a）ADD AX,BX

ADD ,BX ;与上面一样

ADD CX,DX

ADD DI,SI

83

ADD BX,BP

(b) ADD CX,MEM_WORD

ADD AX,BETA[SI]

ADD ,BETA[SI]   ;与上面一样

ADD DX,ALPHA[BX][DI]

(c) ADD GAMMA[BP][DI],BX

ADD BETA[DI],AX

ADD MEM_WORD,CX

ADD MEM_BYTE,BH

（2）立即操作数到累加器：

0	0	0	0	0	1	0	w	data	data if w=1

if w = 0 then LSRC = AL, RSRC = data, DEST = AL

else LSRC = AX, RSRC = data, DEST = AX

定时(时钟)： 4

实例： ADD AL,3

ADD AX,456

ADD AL,IMM_VAL_12

ADD AX,IMM_VAL_8529

ADD ,IMM_VAL_6AB9H   ;目的操作数为 AX

（3）立即操作数到存储器/寄存器操作数：

1	0	0	0	0	0	s	w	mod 0 0 0 r/m	data	data if s:w=01

LSRC = EA, RSRC = data, DEST = EA

定时(时钟)： (a) 立即数到存储器   17+EA

(b) 立即数到寄存器   4

实例： (a) ADD MEN_WORD,48

ADD GAMMA[DI],IMM_84

ADD DELTA[BX][SI],IMM_SENSOR_5

(b) ADD BX,ORIG_VAL

ADD CX,STANDARD_COUNT

ADD DX,1776

如果寄存器或存储器的字要与立即数字节相加，那么在相加以前，要先进行符号扩展，将字节立即数扩展为字立即数(16 位的)。

标志： 影响 AF,CF,OF,PF,SF,ZF。

说明： ADD 指令使两个操作数相加并将结果送回目的(左边的)操作数中去。

AND(And：logical conjunction)——与(逻辑乘法)指令

操作： 将两个操作数相"与"，只有在两个操作数中对应位置上均为"1"的那些位的结果才为"1"，其他情况的那些位的结果为"0"。结果存入目的(左边的)操作数中去，进位和溢出标志被复位为"0"。

(DEST) ←(LSRC)&(RSRC)

(CF) ←0

(OF) ←0

编码： 有三种格式。

(1) 存储器/寄存器操作数与寄存器操作数：

0	0	1	0	0	0	0	d	w	mod	reg	r/m

if d = 1 then LSRC = REG, RSRC = EA, DEST = REG

else LSRC = EA, RSRC = REG, DEST = EA

定时(时钟)： (a) 寄存器到寄存器　3

　　　　　　　　(b) 存储器到寄存器　9＋EA

　　　　　　　　(c) 寄存器到存储器　16＋EA

实例： (a) AND AX, BX

　　　　　AND 　, BX　　　　　；与上面一样

　　　　　AND CX, DI

　　　　　AND BH, CL

　　　(b) AND SI, MEM_NAME_WORD

　　　　　AND DX, BETA[BX]

　　　　　AND BX, GAMMA[BX][SI]

　　　　　AND AX, ALPHA[DI]

　　　　　AND 　, ALPHA[DI]　；与上面一样

　　　　　AND DH, MEM_BYTE

　　　(c) AND MEM_NAME_WORD, BP

　　　　　AND ALPHA[DI], AX

　　　　　AND GAMMA[BX][DI], SI

　　　　　AND MEM_BYTE, AL

(2) 立即操作数到累加器：

0	0	1	0	0	1	0	w	data	data if w=1

if w = 0 then LSRC = AL, RSRC = data, DEST = AL

else LSRC = AX, RSRC = data, DEST = AX

定时(时钟): 立即数到寄存器　4

实例: AND AL, 7AH

AND AH, 0EH

AND AX, IMM_VAL_MASK3

(3) 立即操作数到存储器/寄存器操作数:

1	0	0	0	0	0	0	w	mod 1 0 0 r/m	data	data if w=1

LSRC = EA, RSRC = data, DEST = EA

定时(时钟): (a) 立即数到寄存器　4

(b) 立即数到存储器　17+EA

实例: (a) AND BL, 10011110B

AND CH, 3EH

AND DX, 7A46H

AND SI, 987

(b) AND MEM_WORD, 7A46H

AND MEM_BYTE, 46H

AND GAMMA[DI], IMM_MASK14

AND CHI_BYTE[BX][SI], 11100111B

标志: 影响 CF, OF, PF, SF, ZF。

不确定 AF。

说明: AND 指令对两个操作数按位进行逻辑"与",结果送回目的(左边的)操作数中去。如果原来两个操作数中的对应位为"1",则结果位为"1";否则结果位为"0"。

CALL(Call a procedure)——调用(一个过程)指令

操作: 如果是段间的调用,堆栈指示器减 2,并将 CS 寄存器的内容保存进栈,再将双字段间指示器中的第二个字(段值)填入 CS。然后堆栈指示器再减 2,并将指令指示器的内容保存进栈,最后的一步是用目标操作数的偏移值(DEST)取代 IP 中的内容。目标操作数的偏移值就是被调用"过程"的第一条指令的偏移地址。段内或群内调用只作第(2)(3)和(4)步。

(1) 如果是段内调用,那么执行

(SP) ←(SP)−2

((SP)+1:(SP)) ←CS

(CS) ←SEG

(2) (SP) ←(SP) − 2

(3) ((SP) + 1 ; (SP)) ←(IP)

(4) (IP) ←DEST

编码:

直接段内或群内调用:

1	1	1	0	1	0	0	0	disp – low	disp – high

DEST = (IP) + disp

定时(时钟): 13＋EA

实例: CALL NEAR_LABEL

　　　 CALL NEAR_PROC

段间直接调用:

1	0	0	1	1	0	1	0	offset – low	offset – high	seg – low	seg – high

DEST = offset, SEG = seg

定时(时钟): 20

实例: CALL FAR_LABEL

　　　 CALL FAR_PROC

段间间接调用:

1	1	1	1	1	1	1	1	mod 0 1 1 r/m

DEST = (EA), SEG = (EA + 2)

定时(时钟): 29＋EA

实例: CALL DWORD PTR [BX]

　　　 CALL DWORD PTR VARIABLE_NAME[SI]

　　　 CALL MEM_DOUBLE_WORD

间接段内或群内调用:

1	1	1	1	1	1	1	1	mod 0 1 0 r/m

DEST = (EA)

定时(时钟): 11

实例: CALL WORD PTR [BX]

　　　 CALL WORD PTR VARIABLE_NAME

　　　 CALL WORD PTR [BX][SI]

　　　 CALL WORD PTR [DI]

```
CALL WORD PTR VARIABLE_NAME[BP][SI]
CALL MEM_WORD
CALL BX
CALL CX
```

标志：不影响。

说明：CALL 指令将下条指令的偏移地址保存进栈（若为段间调用，则 CS 寄存器的内容先进栈），然后将控制转给目标操作数。直接调用和转移只能使用相对于 CS 的标号，而不能用变量。如果在指令中，或目标标号的说明中，没有指明是 FAR 属性，就假定是 NEAR 属性。

在上面间接调用的实例中，通过变量的调用，可以利用 PTR 操作符来指出所要用的一个字（对 NEAR 调用），或两个字（对 FAR 标号或过程的调用）。利用字寄存器进行间接调用是属于 NEAR 调用。如果在 CALL 指令中没有加段修改前缀，或者利用 BP，在寄存器间接调用中所用的隐含段寄存器就是 DS。隐含的段寄存器用于构成包括调用目标的偏移值地址（如果是"长"调用，则还包括段的地址）。如果 CALL 指令中用 BP，则隐含的段寄存器是 SS。然而，如果指明了段的前缀，例如：

```
CALL WORD PTR ES:[BP][DI]
```

则段寄存器是利用 ES。

对于通过变量或地址表达式的间接调用指令，隐含的段寄存器由源程序行中的地址表达式和所用的伪指令 ASSUME 来确定。

当 CALL 指令用于转移控制时，RET 是隐含的。在间接调用的情况下，必须注意保证 CALL 的类型和 RET 的类型一致，否则就会出错，而且难于发现，关键在于 CS 是否能被保存和恢复。

CBW(Convert byte to word)——变换字节为字的指令

操作：如果累加器（AX）的低位字节（AL）的内容小于 80H，则累加器的高位字节（AH）为 00H；否则，若累加器（AX）的低位字节（AL）中的内容大于或等于 80H，则累加器的高位字节（AH）为 FFH。也就是说 AH 中各位的值与 AL 中最高位（位 7）的值一样。

编码：

1	0	0	1	1	0	0	0

定时（时钟）：2

实例：CBW

标志：不影响。

说明：CBW 指令把 AL 中的符号位扩展到 AH 中各个位。这条指令通常用来由字节产生双倍长（字）的除数，因此要把 CBW 指令放在除法指令前面。

CLC(Clear carry flag)——清进位标志指令

操作：将进位标志清 0。

(CF)←0

编码：

1	1	1	1	1	0	0	0

定时(时钟)：2

实例：CLC

标志：影响 CF。

说明：CLC 指令用来将 CF 标志清 0。

CLD(Clear direction flag)——清除方向标志指令

操作：将方向标志清 0。

(DF)←0

编码：

1	1	1	1	1	1	0	0

定时(时钟)：2

实例：CLD

标志：影响 DF。

说明：CLD 指令用来将 DF 标志清 0，使字符串操作中的"操作数指示器"(SI 和/或 DI)自动增量。

CLI(Clear interrupt flag)——清除中断标志指令

操作：将中断标志清 0。

(IF)←0

编码：

1	1	1	1	1	0	1	0

定时(时钟)：2

实例：CLI

标志：影响 IF。

说明：清除 IF 标志，从而屏蔽了出现在 8086 INTR 线上的"可屏蔽外部中断"(在 8086 NMI 线上的非屏蔽中断不能禁止)。

CMC(Complement carry flag)——进位标志求反指令

操作：若进位标志 CF 为 0，则将 CF 置 1；否则将 CF 置 0。

if(CF) = 0 then (CF)←1 else (CF)←0

编码：

1	1	1	1	0	1	0	1

定时(时钟)：2

实例：CMC

标志：影响 CF。

说明：CMC 将 CF 标志取反。

CMP(Compare two operands)——比较两个操作数指令

操作：从目的操作数(左边的)中减去源操作数(右边的)。按减的结果影响标志位，但结果不送回，即保留原操作数不变。

(LSRC) − (RSRC)

编码：有三种格式。

(1) 存储器/寄存器操作数与寄存器操作数比较：

0	0	1	1	1	0	d	w	mod	reg	r/m

if d = 1 then LSRC = REG, RSRC = EA

else LSRC = EA, RSRC = REG

定时(时钟)：(a) 寄存器与寄存器　3

(b) 存储器与寄存器　9＋EA

(c) 寄存器与存储器　9＋EA

实例：(a) CMP AX, DX

CMP ,DX ;和上面一样

CMP SI, BP

CMP BH, CL

(b) CMP MEM_WORD, SI

CMP MEM_BYTE, CH

CMP ALPHA[DI], DX

CMP BETA[BX][SI], CX

(c) CMP DI, MEM_WORD

CMP CH, MEM_BYTE

CMP AX, GAMMA[BP][SI]

（2）立即操作数与累加器：

0	0	1	1	1	1	0	w	data	data if w=1

if w = 0 then LSRC = AL, RSRC = data

else LSRC = AX, RSRC = data

定时(时钟)： 立即数与寄存器　4

实例： CMP AL,6

　　　　CMP AL, IMM_VALUE_DRIVE11

　　　　CMP AX, IMM_VAL_909

　　　　CMP　,999

　　　　CMP AX,999　　;与上面一样

（3）立即操作数与存储器/寄存器操作数：

1	0	0	0	0	0	s	w	mod	1	1	1 r/m	data	data if s:w=01

LSRC = EA, RSRC = data

定时(时钟)： (a) 立即数与寄存器　4

　　　　　　　　(b) 立即数与存储器　17+EA

实例： (a) CMP BH,7

　　　　　CMP CL,19_IMM_BYTE

　　　　　CMP DX, IMM_DATA_WORD

　　　　　CMP SI,798

　　　　(b) CMP MEM_WORD, IMM_DATA_BYTE

　　　　　CMP GAMMA[BX], IMM_BYTE

　　　　　CMP [BX][DI],6ACEH

　　如果把一个立即数字节与一个寄存器/存储器字进行比较,那么在比较之前,先要对立即数字节进行符号扩展,使其成为 16 位的字。这时指令操作码字节为 83H(即 S:W 位均为 1)。

　　标志： 影响 AF,CF,OF,PF,SF,ZF。

　　说明： CMP 指令执行减法操作,只影响标志,结果不回送。通常源操作数(右边的)与目的操作数(左边的)的类型(字或字节)要相同。只有立即数字节与存储器字的比较是例外。

CMPS(Compare byte string, compare word string)——比较字节串,比较字串指令

　　操作： 源操作数减去目的操作数。源操作数用 SI 作为变址寄存器,目的操作数用 DI 作为指向附加段的变址寄存器。但应注意,这条指令的源操作数写在左边,而目的操作数写在右边,这是把 DI 变址的操作数作为右边操作数的唯一的一条字符串指令。这条指令影响标志,但不影响操作数本身。如果 DF 为 0,则 SI 和 DI 都是增量的;如果 DF 为 1,则 SI 和 DI 都减量。增/减量之后就指向所比较的字符串的下一单元,对字节串为加 1 或减 1;对字串为加 2 或减 2。

$(LSRC) - (RSRC)$

$if(DF) = 0$ then

    $(SI) \leftarrow (SI) + DELTA$

    $(DI) \leftarrow (DI) + DELTA$

else

    $(SI) \leftarrow (SI) - DELTA$

    $(DI) \leftarrow (DI) - DELTA$

编码:

1	0	1	0	0	1	1	w

if w = 0 then LSRC = (SI),RSRC = (DI),DELTA = 1(BYTE)

else LSRC = (SI) + 1:(SI),RSRC = (DI) + 1:(DI),DELTA = 2(WORD)

定时(时钟): 22

实例: MOV SI,OFFSET STRING1

      MOV DI,OFFSET STRING2

      CMPS STRING1,STRING2

;在 CMPS 指令中命名的"名字操作数"只是对汇编程序来说的。汇编程序用它们来识别字的类型及当前段寄存器内容的可访问性。实际上 CMPS 指令只用 SI 和 DI 去指示要进行内容比较的单元,而不用在源程序行中给出名字。

标志: 影响 AF,CF,OF,PF,SF,ZF。

说明: CMPS 指令使 SI 寻址的(字节/字)操作数中减去 DI 寻址(字节/字)操作数,该指令只影响标志,结果不回送。

CMPS 指令重复操作时,能对两个字符串进行比较。采用适当的重复前缀就能比较两个字符串。一旦发现有两个元素不等时,就结束比较,从而建立字符串之间的顺序。

注意: 由 DI 变址指定的操作数是指令中右边的操作数,并且这个操作数只能用 ES 寄存器来寻址——这个缺省的段寄存器是不能修改的。

CWD(Convert word to doubleword)——变换字为双字指令

操作: 用 AX 的最高位去替换 DX 中的各个位。

if(AX)<8000H then (DX)←0

else (DX)←FFFFH

编码:

定时(时钟): 5

实例: CWD

标志: 不影响。

说明: CWD 指令用来将 AX 寄存器内容的符号扩展到 DX 中去。

DAA(Decimal adjust for addition)——加法的十进制修正指令

操作: 若 AL 寄存器的低 4 位大于 9 或辅助进位标志已经置位,则加 6 到 AL 中并将 AF 置位;若 AL 寄存器内容大于 9FH 或者进位标志置位,则加 60H 到 AL 中并将 CF 置位。

if ((AL)&0FH)>9 or (AF) = 1 then

  (AL) ←(AL) + 6

  (AL) ←1

if (AL)>9FH or (CF) = 1 then

  (AL) ←(AL) + 60H

  (CF) ←1

编码:

| 0 | 0 | 1 | 0 | 0 | 1 | 1 | 1 |

定时(时钟): 4

实例: DAA

标志: 影响 AF,CF,PF,SF,ZF。

  不确定 OF。

说明: DAA 指令用来对两个压缩型十进制数相加的结果(在 AL 中)进行修正和产生一个压缩型的十进制"和"。

DAS(Decimal adjust for subtraction)——减法的十进制修正指令

操作: 若 AL 的低 4 位大于 9 或 AF 为 1,则 AL 减去 6 并将 AF 置 1;若 AL 大于 9FH 或 CF 为 1,则 AL 减去 60H 并将 CF 置位。

if ((AL)&0FH)>9 or (AF) = 1 then

  (AL) ←(AL) - 6

  (AL) ←1

if (AL)>9FH or (CF) = 1 then

$(\text{AL}) \leftarrow (\text{AL}) - 60\text{H}$

$(\text{CF}) \leftarrow 1$

编码：

0	0	1	0	1	1	1	1

定时(时钟)： 4

实例： DAS

标志： 影响 AF,CF,PF,SF,ZF。

不确定 OF。

说明： DAS 指令对两个压缩型十进制数相减的结果(在 AL 中)进行修正，以获得压缩型的十进制结果。

DEC(Decrement destination by one)——将"目的"减"1"指令

操作： 将指定的操作数减 1。

$(\text{DEST}) \leftarrow (\text{DEST}) - 1$

编码： 有两种格式。

寄存器操作数(字)：

DEST = REG

定时(时钟)： 2

实例：

DEC AX

DEC DI

DEC SI

存储器/寄存器操作数：

1	1	1	1	1	1	1	w	mod 0 0 1 r/m

DEST = EA

定时(时钟)： 寄存器　2

存储器　15+EA

实例：

DEC MEM_BYTE

DEC MEM_BYTE[DI]

DEC MEM_WORD

　　　DEC ALPHA[BX][SI]

　　　DEC BL

　　　DEC CH

标志：影响 AF,OF,PF,SF,ZF。

　　　不确定 CF。

说明：DEC(减 1)指令用来使操作数减 1,并将结果送回该操作数。

DIV(Division,unsigned)——无符号数的除法指令

　　操作：如果除法产生的结果(商的值)超出了保存它的目的寄存器的范围,就如同被 0 除了一样,产生 0 型的中断,标志被保存进栈,IF 和 TF 被复位为 0,CS 寄存器的内容保存进栈,然后用存放在内存单元 2 和 3 中的字填入 CS,IP 寄存器保存进栈,然后用放在内存单元 0 和 1 中的字填入 IP。以上操作序列包括了一次"长调用",它用来调用 0 类型中断的处理"过程"(服务程序),此"过程"的入口段地址和偏移地址分别存放在内存的单元 2、3 和单元 0、1 中。

　　如果除法的结果(商)未超过存放它的寄存器的范围,则商存在 AL 或 AX(对字操作数)中,余数存放在 AH 或 DX 中。

　　(temp) ←(NUMR)

　　if (temp)/(DIVR)＞MAX　　　　　;执行下面的操作序列

　　　　(QUO)　　　　　　　　　　;(REM)不确定

　　　　(SP) ←(SP)－2

　　　　((SP)＋1:(SP)) ←FLAGS

　　　　(IF) ←0

　　　　(TF) ←0

　　　　(SP) ←(SP)－2

　　　　((SP)＋1:(SP)) ←(CS)

　　　　(CS) ←(2)　　　　　　　;i.e. 内存单元 2 和 3 的内容

　　　　(SP) ←(SP)－2

　　　　((SP)＋1:(SP)) ←(IP)

　　　　(IP) ← (0)　　　　　　;i.e. 内存单元 0 和 1 的内容

　　else

　　　　(QUO) ←(temp)/(DIVR)　;此处/ 为无符号除法

　　　　(REM) ←(temp) % (DIVR)　;此处 % 为取无符号的模

编码：

1	1	1	1	0	1	1	w	mod 1 1 0 r/m

(a) if w = 0 then NUMR = AX, DIVR = EA, QUO = AL, REM = AH, MAX = FFH

(b) else NUMR = DX : AX, DIVR = EA, QUO = AX, REM = DX, MAX = FFFFH

定时(时钟): 8 位运算　　90＋EA

　　　　　　　　16 位运算　　155＋EA

实例:

(a1) 字被字节除

MOV AX, NUMERATOR_WORD

DIV DIVISOR_BYTE

;商在 AL 中,余数在 AH 中

(a2) 字节被字节除

MOV AL, NUMERATOR_BYTE

CBW　;变换 AL 中的字节为 AX 中的字

DIV DIVISOR_BYTE

;商在 AL 中,余数在 AH 中

(b1) 双字被字除

MOV DX, NUMERATOR_HI_WORD

MOV AX, NUMERATOR_LO_WORD

DIV DIVISOR_WORD

;商在 AX 中,余数在 DX 中

(b2) 字被字除

MOV AX, NUMERATOR_WORD

CWD　;将字变换为双字

DIV DIVISOR_WORD

;商在 AX 中,余数在 DX 中

注释: 上面实例中的每个存储器操作数可以是任何变量或有效的地址表达式,只要它们的类型一样。例如,在上面(a1)中的 NUMERATOR_WORD 可用表达式 ARRAY_NAME[BX][SI]＋67 来替换,只要 ARRAY_NAME 的类型为 WORD.(字)。同样的,DIVISOR_BYTE 能用 RATE_TABLE[BP][DI]替换,只要 RATE_TABLE 的类型为 BYTE.(字节)。

标志: 无有效的标志结果,即不确定 AF,CF,OF,PF,SF,ZF。

说明: DIV 指令执行无符号的除法运算,即累加器及其扩展寄存器中的双倍长度的被除数 NUMR 被源操作数中的除数 DIVR 所除。这里,对 8 位的无符号除法,被除数 NUMR 在 AL 和 AH 中,对于 16 位的无符号除法,被除数 NUMR 在 AX 和 DX 中。

DIV 指令将单倍长度的商(QUO 操作数)送回累加器(AL 或 AX),将单倍长度的余数(REM 操作数)送到累加器的扩展字节(对 8 位运算,累加器扩展为字节 AX,对 16 位运算累加器扩展字节为 DX)。如果商大于 MAX,则商 QUO 和余数 REM 都不确定,并产生 0 类型中断,即除法错误中断。

在任何除法运算中,标志都是不确定的,所得的商若为非整数,则取整数。

ESC(Escape)——处理器交权指令

操作:

if mod≠11 then data bus←(EA)

if mod = 11, no operation

编码:

1	1	0	1	1	x	mod	x	r/m

定时(时钟): 7＋EA

实例:

ESC EXTERNAL_OPCODE, ADDRESS　;这个外部操作码(EXTERNAL_OPCODE)是 6 位的数,它被分为两个 3 位的字段,如编码中的 X 所示。

标志:不影响。

说明:ESC 指令提供了一种方法,使其他处理器能从 8086 指令流中接收它们的指令,并能利用 8086 的寻址方式。在 ESC 指令期间,8086 除去存取一个存储器操作数并把它放到总线上去的操作外,不作任何其他操作。

HLT(Halt)——处理器暂停指令

操作:没有。

编码:

1	1	1	1	0	1	0	0

定时(时钟): 2

实例: HLT

标志:不影响。

说明:HLT 使 8086 处理器进入它的暂停状态,这个状态可用一个允许的“外部中断”或“复位”清除掉。

IDIV(Integer division;signed)——带符号的整数除法指令

操作:如果除法运算的结果,超过保存它的寄存器的范围,就会产生 0 类型中断。标志进栈保存,IF 和 TF 清 0,CS 寄存器的内容保存进栈,然后用单元 2 和单元 3 中的字填入 CS;当前 IP 的内容保存进栈,然后用单元 0 和单元 1 中的字填入 IP。这个操作序列包括了一个"长调用"。它调用一个中断处理过程,这个过程的段地址存储在单元 2 和 3;偏移地址存储在 0 和 1 单元中。

若除法的结果没有超出保存它的寄存器的范围,那么商存入 AL 或 AX 中,余数存入 AH 或 DX 中。对字节操作数为 AL 和 AH,对字操作数为 AX 和 DX。

$(temp) \leftarrow (NUMR)$

$if(temp)/(DIVR)>0$ and $(temp)/(DIVR)>MAX$

or $(temp)/(DIVR)<0$ and $(temp)/(DIVR)<0-MAX-1$

> then

> $(QUO),(REM)$ 不确定

> $(SP) \leftarrow (SP)-2$

> $((SP)+1:(SP)) \leftarrow FLAGS$

> $(IF) \leftarrow 0$

> $(TF) \leftarrow 0$

> $(SP) \leftarrow (SP)-2$

> $((SP)+1:(SP)) \leftarrow (CS)$

> $(CS) \leftarrow (2)$

> $(SP) \leftarrow (SP)-2$

> $((SP)+1:(SP)) \leftarrow (IP)$

> $(IP) \leftarrow (0)$

else

> $(QUO) \leftarrow (temp)/(DIVR)$;此处/为带符号的除法

> $(REM) \leftarrow (temp)\%(DIVR)$;此处%为取带符号的模

编码:

1	1	1	1	0	1	1	w	mod 1 1 1 r/m

(a) if w = 0 then NUMR = AX, DIVR = EA, QUO = AL, REM = AH, MAX = 7FH

(b) else NUMR = DX:AX, DIVR = EA, QUO = AX, REM = DX, MAX = 7FFFH

定时(时钟): 8 位运算　　112＋EA

　　　　　　　16 位运算　　177＋EA

实例:

(a) MOV AX, NUMERATOR_WORD[BX]

　　IDIV DIVISOR_BYTE[BX]

(b) MOV DX, NUM_HI_WORD

　　MOV AX, NUM_LO_WORD

　　IDIV DIVISOR_WORD[SI]

SEE ALSO DIV.

标志：影响 AF,CF,OF,PF,SF,ZF。

所有标志不确定。

说明：IDIV 指令执行带符号的除法运算,累加器及其扩展寄存器中的双倍长度的有符号的被除数 NUMR,被指定的源操作数中的带符号除法 DIVR 所除。这里,对于 8 位数的除法运算,被除数 NUMR 在 AL 和 AH 中;对于 16 位的除法运算,被除数 NUMR 在 AX 和 DX 中。

IDIV 指令将得到的结果：单倍长度的商(QUO 操作数)送回累加器 AL 或 AX,将单倍长度的余数(REM 操作数)送回累加器的扩展寄存器 AH 或 DX 中。

如果商是正的并且大于 MAX,或者商是负的并且小于$(0-MAX-1)$,那么 QUO 和 REM 是不确定的,就像是被 0 除会产生类型 0(除法错误)中断一样。

在任何除法中,标志总是不确定的。IDIV 指令将非整数的商截成整数,送回符号与除式分子相同的余数。

IMUL(Integer multiply accumulator by register-or-memory;signed)——带符号的整数乘法指令

操作：累加器(若为字节,为 AL;若为字,为 AX)乘以指定的操作数。若结果的高一半为结果低一半的符号扩展,则将进位标志 CF 和溢出标志 OF 都复位,否则将它们都置位。

(DEST) ←(LSRC) * (RSRC)　;此处 * 是乘号

if (EXT) = sign-extension of (LOW) then (CF) ←0

else (CF) ←1;

(OF) ←(CF)

编码：

1	1	1	1	0	1	1	W	mod	1	0	1	r/m

(a) if w = 0 then LSRC = AL, RSRC = EA, DEST = AX, EXT = AH, LOW = AL

(b) else LSRC = AX, RSRC = EA, DEST = DX:AX, EXT = DX, LOW = AX

定时(时钟)：8 位运算　　90+EA

　　　　　　　16 位运算　　144+EA

实例：

(a) MOV AL,LSRC_BYTE

　　IMUL RSRC_BYTE　　;结果在 AX 中

(b1) MOV AX,LSRC_WORD

　　IMUL RSRC_WORD　;高 8 位结果在 DX 中,低 8 位在 AX

（b2）字和字节相乘

    MOV AL, MUL_BYTE

    CBW   ;变换 AL 中的字节为字,写入 AX

    IMUL RSRC_WORD   ;高 8 位结果在 DX 中,低 8 位在 AX 中

注意： 上面的任何存储器操作数都可以是一个正确类型（TYPE）的变址地址表达式。例如：若 ARRAY 是 BYTE 类型,则 LSRC_BYTE 可以是 ARRAY[SI]。若 TABLE 是字类型,则 RSRC_WORD 可以是 TABLE[BX][DI]。

标志： 影响 CF,OF。

        不确定 AF,PF,SF,ZF。

说明： IMUL 指令执行带符号的乘法运算：它将 AL（或 AX）累加器中的带符号数与源操作数中带符号数相乘,把双倍长度的乘积送回累加器及其扩展器中去,对于 8 位的操作数,乘积在 AL 和 AH 中；对于 16 位的操作数,乘积在 AX 和 DX 中。

如果结果的高一半（在 EXT 中）是结果低一半的符号扩展,则将 CF 和 OF 清 0。反之,如果结果的高一半（在 EXT 中）不是结果低一半的符号扩展,则将 CF 和 OF 置 1。当 CF 和 OF 都置位时,则说明 AH 或 DX 中的内容是结果的高位数字。

IN（Input byte and input word）——输入字节和输入字指令

操作： 累加器的内容被指定端口的内容所替换。

（DEST）←（SRC）

编码： 有两种格式。

（1）固定的端口：

1	1	1	0	0	1	0	w	port

if w = 0 then SRC = port, DEST = AL

else SRC = port + 1:port, DEST = AX

定时（时钟）： 10

实例：

    IN AX, WORD_PORT   ;输入字到 AX

    IN AL, BYTE_PORT   ;输入一个字节到 AL

;输入指令中的目的地必须是 AX 或 AL,并且必须写出（即不能隐含）,以便汇编程序了解输入的类型（字节还是字）,如上面所用到的那样,端口名字必须为 0～255 之间的立即数,或者用 DX 寄存器的名字,但必须事先将要求的端口地址送入 DX 中去

（2）可变的端口：

1	1	1	0	1	1	0	w

if w = 0 then SRC = (DX),DEST = AL

else SRC = (DX) + 1:(DX),DEST = AX

定时(时钟)： 8

实例：

      IN AX,DX　;输入一个字到 AX 中去

      IN AL,DX　;输入一个字节到 AL 中去

标志： 不影响。

说明： IN 指令从输入端口传送一个字节(或字)到 AL 寄存器(或 AX 寄存器)。端口可以用指令中的数据字节(立即数)来指定,它可指定端口 0 到端口 255,或是用 DX 寄存器中的端口号来间接寻址,它可访问 64K 个输入端口。

INC(Increment destination by 1)——"目的"加"1"指令

操作： 指定的操作数加 1,最高位没有进位输出。

(DEST) ←(DEST) + 1

编码： 有两种格式。

(1) 寄存器操作数(字)：

0	1	0	0	0	reg

DEST = REG

定时(时钟)： 2

实例：

      INC AX

      INC DX

(2) 存储器/寄存器操作数：

1	1	1	1	1	1	1	w	mod 0 0 0 r/m

DEST = EA

定时(时钟)： (a) 寄存器 2

        (b) 存储器 15＋EA

实例：

    (a) INC CX

      INC BL

    (b) INC MEM_BYTE

      INC MEM_WORD[BX]

      INC BYTE PTR[BX]　　　　　;数据段中在偏移地址[BX]处的字节

```
          INC ALPHA[DI][BX]
          INC BYTE PTR [SI][BP]      ;堆栈段中在偏移地址[SI+BP]处的字节
          INC WORD PTR[BX]           ;将数据段中在偏移地址为[BX]处的字加1,于
     是可能有进位到"位8"中去
```

标志: 影响 AF,OF,PF,SF,ZF。

说明: INC 指令将目的操作数加1并将结果送回目的操作数。

INT(Interrupt)——中断指令

操作: 堆栈指示器 SP 减2,所有的标志保存进栈,然后将中断标志 IF 和陷阱标志 TF 复位;SP 再减2并将 CS 寄存器的当前内容保护进栈,再把双字中断矢量的高位字填到 CS 中去,也就是把对这个中断类型的中断处理"过程"(程序)的段基地址送入 CS 寄存器; SP 再减2,把指令指示器 IP 的当前内容保存进栈,然后把装配在绝对地址 TYPE ∗ 4 处 的中断矢量的低位字送入 IP。

上述操作是一个段间的"长调用",去调用处理这种中断类型的中断服务"过程"(程 序)。可参考 PUSHF、INTO、IRET 指令的说明。

$(SP) \leftarrow (SP) - 2$

$((SP)+1:(SP)) \leftarrow FLAGS$

$(IF) \leftarrow 0$

$(TF) \leftarrow 0$

$(SP) \leftarrow (SP) - 2$

$((SP)+1:(SP)) \leftarrow (CS)$

$(CS) \leftarrow (TYPE * 4 + 2)$

$(SP) \leftarrow (SP) - 2$

$((SP)+1:(SP)) \leftarrow (IP)$

$(IP) \leftarrow (TYPE * 4)$

编码:

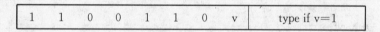

1	1	0	0	1	1	0	v	type if v=1

(a) if v = 0 then TYPE = 3

(b) else TYPE = type

定时(时钟): 52

实例:

```
     (a) INT  3      ;一字节指令:11001100
     (b) INT  2      ;两字节:11001101 00000010
         INT  67     ;两字节:11001101 01000011
```

　　　　IMM_44 EQU 44

　　　　INT IMM_44　　;两字节:11001101 00101100

注意:操作数必须是立即数,不能是寄存器或存储器操作数。

标志:影响 IF,TF。

说明:INT 将标志寄存器保护进栈(与 PUSHF 相似),清除 TF 和 IF 标志,然后用一个间接调用将控制转给 256 个矢量元素中的任一个。这条指令的 1 字节格式产生一个类型 3 的中断。

INTO(Interrupt if overflow)——溢出中断指令

操作:如果溢出标志 OF 为 0,不产生任何操作;若 OF 标志为 1,则 SP 减 2,保护所有的标志进栈,将陷阱标志 TF 和中断标志 IF 复位,SP 再减 2,把 CS 的当前指令保护进栈,然后把类型 4 中断的双字中断矢量的第二个字(段基地址)填入 CS 寄存器,SP 再减 2,并将 IP 指令指示器的当前内容(指向 INTO 下条指令)保存进栈,然后将类型 4 双字中断矢量的第一字填入 IP。类型 4 双字中断矢量位于绝对地址单元 16(10H)处。类型 4 双字中断矢量的第一个字是处理类型 4 中断服务"过程"(程序)的偏移地址。这时段基地址已在 CS 中,于是完成一次溢出处理"过程"(程序)的"长调用"。可参考 INT、IRET、PUSHF 的指令说明。

　　if(OF) = 1 then

　　　(SP) ←(SP) − 2

　　　((SP) + 1:(SP)) ←FLAGS

　　　(IF) ←0

　　　(TF) ←0

　　　(SP) ←(SP) − 2

　　　((SP) + 1:(SP)) ←(CS)

　　　(CS) ←(12H)

　　　(SP) ←(SP) − 2

　　　((SP) + 1:(SP)) ←(IP)

　　　(IP) ←(10H)

编码:

1	1	0	0	1	1	1	0

定时(时钟):52

实例:INTO

标志:不影响。

说明:如果 OF 标志置 1,则 INTO 指令把标志寄存器保存进栈,清除 TF 和 IF 标志,然后用一次间接调用,通过矢量中断类型 4(在 10H 单元处)把控制转给溢出中断处理过程;如果 OF 标志是 0,则不进行操作,继续执行下一条指令。

IRET(Interrupt return)——中断返回指令

操作: 用存放在栈顶相邻两单元中的字填入指令指示器 IP,然后 SP 加 2,并且新栈顶相邻两单元中的字填入 CS 寄存器,这样就使控制转回到被中断的点上去;SP 再加 2,将栈顶单元中存放的标志取回标志寄存器(可参考 POPF 指令),SP 再次加 2。

$(IP) \leftarrow ((SP)+1:(SP))$

$(SP) \leftarrow (SP)+2$

$(CS) \leftarrow ((SP)+1:(SP))$

$(SP) \leftarrow (SP)+2$

$FLAGS \leftarrow ((SP)+1:(SP))$

$(SP) \leftarrow (SP)+2$

编码:

1	1	0	0	1	1	1	1

定时(时钟): 24

实例: IRET

标志: 影响所有标志。

说明: IRET 指令使控制返回到前面的中断操作保存栈的返回地址,并恢复保存在栈中的标志寄存器的内容。

JA(Jump if above)和 JNBE(Jump if not below nor equal)——"高于"和"不低于/不等于"转移指令

操作: 若进位标志 CF 和全零标志 ZF 均为 0,则将从这条指令末尾到目标标号之间的距离加到指令器 IP 中去,实现转移。若(CF)=1 或(ZF)=1,则不转移而顺序执行下一条指令。

$if(CF)|(ZF) = 0$ then

   $(IP) \leftarrow (IP) + disp$(符号扩展到 16 位)

编码:

0	1	1	1	0	1	1	0	disp

定时(时钟): 产生转移　　 8

　　　　　　　 不产生转移　 4

实例:

```
JA TARGET_LABEL
```

```
JNBE TARGET_LABEL
```

标志：不影响。

说明：当"高于"或"不低于/不等于"时，JA 或 JNBE 指令将控制转移给目标操作数。

注意：目标标号必须在距离该指令的 -128～+127 字节范围内。"高于"和"低于"指的是两个无符号数之间的关系，"大于"和"小于"指的是两个有符号数之间的关系。

JAE(Jump if above or equal)和 JNB(Jump if not below)——"高于/等于"和"不低于"转移指令

操作：若进位标志 CF 为 0，则将该指令末尾到目标标号的距离加到指令指示器 IP 中去，并实现转移。若(CF)＝1，不产生转移，继续执行下一条指令。

if(CF) = 0 then

(IP)←(IP)+disp(符号扩展到 16 位)

编码：

0	1	1	1	0	0	1	1	disp

定时(时钟)：产生转移　　8

　　　　　　　不产生转移　4

实例：

```
JNB TARGET_LABEL
JAE TARGET_LABEL
```

标志：不影响。

说明：当"高于/等于"或"不低于"时，JAE 或 JNB 指令将控制转移给目标操作数。

注意：JAE 和 JNB 的目标标号必须在距离该指令的 -128～+127 字节范围内。"高于"和"低于"指的是两个无符号数之间的关系，"大于"和"小于"指的是两个有符号数之间的关系。

JB(Jump if below)和 JNAE(Jump if not above nor equal)——"低于"和"不高于/不等于"转移指令

操作：若进位标志为 1，则把这条指令末尾到目标标号的距离加到指令指示器 IP 中去，以实现转移。若(CF)＝0，则不发生转移。

if(CF) = 1 then

(IP)←(IP)+disp(符号扩展到 16 位)

编码：

0	1	1	1	0	0	1	0	disp

定时(时钟)： 发生转移　　8

　　　　　　　不发生转移　4

实例：

　　JB TARGET_LABEL

　　JNAE TARGET_LABEL

标志： 不影响。

说明： 当"不高于/不等于"或"低于"时，JB 或 JNAE 指令将控制转移给目标操作数。

注释： 目标标号必须在距离此条指令的－128～＋127 字节的范围内。"在上"和"在下"指的是两个无符号数之间的关系，"大于"和"小于"指的是两个有符号数之间的关系。

JBE(Jump if below or equal)和 JNA(Jump if not above)——"低于/等于"和"不高于"转移指令

操作： 如果进位标志或 0 标志之中的任一个被置位，则把这条指令末尾到目标标号的距离加到指令指示器 IP 中去，以实现转移。若两个标志均为 0，则(CF)＝0 和(ZF)＝0，则不产生转移。

if(CF)|(ZF) = 1 then

　　(IP)←(IP)＋disp(符号扩展到 16 位)

编码：

0	1	1	1	0	1	1	0	disp

定时(时钟)： 发生转移　　8

　　　　　　　不发生转移　4

实例：

　　JBE TARGET_LABEL

　　JNA TARGET_LABEL

标志： 不影响。

说明： 当"低于/等于"或"不高于"时，JBE(或 JNA)将控制转移给目标操作数。

注释： 目标标号必须在距离此条指令的－128～＋127 字节的范围内。"在上"和"在下"指的是两个无符号数之间的关系，"大于"和"小于"指的是两个有符号数之间的关系。

JC(Jump if carry)——有进位转移指令

操作： 若进位标志置 1，则将从这条指令末尾到目标标号之间的距离加到指令指示器

IP 中去,实现转移。若(CF)=0,不发生转移,顺序执行下一条指令。

if(CF) = 1 then

  (IP) ←(IP) + disp (符号扩展到 16 位)

编码:

0	1	1	1	0	0	1	0	disp

定时(时钟): 发生转移   8

　　　　　　不发生转移   4

实例:

　　JB TARGET_LABEL

　　JNAE TARGET_LABEL

　　JC TARGET_LABEL

标志: 不影响。

说明: 当"低于"或"不高于/不等于"时,JB(或 JNAE)将控制转移给目标操作数。

注释: 目标标号必须在距离此指令的 -128～+127 字节范围内,"在上"和"在下"指的是两个无符号数之间的关系,"大于"和"小于"指的是两个有符号数之间的关系。

JCXZ(Jump if CX is zero)——"CX=0"转移指令

操作: 若计数寄存器(CX)为 0,则把这条指令的末尾到目标标号的距离加到指令指示器中去,以实现转移。

if(CX) = 0 then

  (IP) ←(IP) + disp(符号扩展到 16 位)

编码:

1	1	1	0	0	0	1	1	disp

定时(时钟): 发生转移   9

　　　　　　不发生转移   5

实例: JCXZ TARGET_LABEL

标志: 不影响。

说明: 若 CX 寄存器的内容为 0,JCXZ 指令将控制转给目标操作数。

注意: 目标标号必须在距离这条指令的 -128～+127 字节的范围内。

JE(Jump if equal)和 JZ(Jump if zero)——"等于"和"为零"转移指令

操作: 如果最后一次操作的结果为 0,那么 ZF 标志就被置成 1,当(ZF)=1 时,就把这个指令末尾到目标标号之间的距离加到指令指示器 IP 中去,以实现转移。若(ZF)=0,

不发生转移。

> if(ZF) = 1 then
>
> (IP) ←(IP) + disp(符号扩展到 16 位)

编码：

0	1	1	1	0	1	0	0	disp

定时(时钟)：发生转移　　8

　　　　　　　不发生转移　　4

实例：

> (a) CMP CX, DX
>
> 　　JE LAB2
>
> 　　INC CX
>
> LAB2:
>
> ;只有当 CX≠DX 时,CX 才加 1
>
> (b) SUB AX, BX
>
> 　　JZ EXACT
>
> ;只有结果为 0,即 AX = BX 时,才发生转移
>
> 　　⋮
>
> EXACT:

标志：不影响。

说明：当最后一次操作的结果为 0 时,这条指令将控制转给目标操作数。

注释：目标标号必须在距离此条指令的−128～+127 字节的范围内。"在上"和"在下"指的是两个无符号数之间的关系,"大于"和"小于"指的是两个有符号数之间的关系。

JG(Jump if greater)和 JNLE(Jump if not less nor equal)——"大于"和"不小于/不等于" 转移指令

操作：如果零标志复位且符号标志与溢出相等(即两者都为 0 或为 1),则把从这条指令的末尾到目标标号的距离加到指令指示器 IP 中去,以实现转移。若(ZF)=1 或(SF)≠ (OF),则不产生转移。

> if((SF)||(OF))|(ZF) = 0 then
>
> (IP) ←(IP) + disp(符号扩展到 16 位)

编码：

0	1	1	1	1	1	1	1	disp

定时(时钟)：发生转移　　8

不发生转移 4

实例：

JG TARGET_LABEL

JNLE TARGET_LABEL

标志：不影响。

说明：当"大于"或"不小于/不等于"时，JG 或 JNLE 指令将控制转移给目标操作数。

注释：目标标号必须在距离此条指令的－128～＋127 字节的范围内。"在上"和"在下"指的是两个无符号数之间的关系，"大于"和"小于"指的是两个有符号数之间的关系。

JGE(Jump if greater or equal)和 JNL(Jump if not less)——"大于/等于"和"不小于"转移指令

操作：如果符号标志等于溢出标志，则把这条指令末尾到目标标号之间的距离加到指令指示器 IP 中去，以实现转移。若(SF)≠(OF)，不产生转移。

if(SF)||(OF) = 0 then

(IP) ←(IP)＋disp(符号扩展到16 位)

编码：

0	1	1	1	1	1	0	1	disp

定时(时钟)：发生转移 8

不发生转移 4

实例：

JGE TARGET_LABEL

JNL TARGET_LABEL

标志：不影响。

说明：当"大于/等于"或"不小于"时，JGE 或 JNL 指令将控制转移给目标操作数。

注释：目标标号必须在距离此条指令的－128～＋127 字节的范围内。"在上"和"在下"指的是两个无符号数之间的关系，"大于"和"小于"指的是两个有符号数之间的关系。

JL(Jump if less)和 JNGE(Jump if not greater nor equal)——"小于"和"不大于/不等于"转移指令

操作：只有当符号标志不等于溢出标志，即(SF)≠(OF)时，才发生转移。也可以说是(SF)异或(OF)＝1，若(SF)≠(OF)，则此条指令末尾到目标标号之间的距离加到指令指示器 IP 中去。若(SF)＝(OF)，不产生转移。

if(SF)||(OF) = 1 then

109

(IP)←(IP)+disp(符号扩展到16位)

编码：

0	1	1	1	1	1	0	0	disp

定时(时钟)： 发生转移　　8

　　　　　　　　不发生转移　4

实例：

　　JL TARGET_LABEL

　　JNGE TARGET_LABEL

标志： 不影响。

说明： 当"小于"或"不大于/不等于"时,将控制转移给目标操作数。

注释： 目标标号必须在距离此条指令的−128～＋127字节的范围内。"在上"和"在下"指的是两个无符号数之间的关系,"大于"和"小于"指的是两个有符号数之间的关系。

JLE(Jump if less or equal)和JNG(Jump if not greater)——"小于/等于"和"不大于"转移指令

操作： 如果零标志被置位或符号标志不等于溢出标志,则把从这条指令末尾到目标标号之间的距离加到指令指示器IP中去,以实现转移,若(ZF)＝0和(SF)＝(OF),则不产生转移。

if((SF)||(OF))|(ZF)=1 then

　　(IP)←(IP)+disp(符号扩展到16位)

编码：

0	1	1	1	1	1	1	0	disp

定时(时钟)： 发生转移　　8

　　　　　　　　不发生转移　4

实例：

　　JLE TARGET_LABEL

　　JNG TARGET_LABEL

标志： 不影响。

说明： 当"小于/等于"或"不大于"时,将控制转移给目标操作数。"在上"和"在下"指的是两个无符号数之间的关系,"大于"和"小于"指的是两个有符号数之间的关系。

JMP(Jump)——无条件转移指令

操作： 在所有的段间转移和段内(或群内)间接转移中,用目标的偏移地址去置换指令指示器 IP 中的内容。

当转移为一个直接的段内或群内转移时,把这条指令末尾到目标标号的距离加到指令指示器 IP 中去。

直接段间转移首先用跟在指令操作码后的第二个字去置换 CS 的内容,然后再用跟在指令操作码后的第一个字去替换 IP 中的内容。

间接段间转移首先用跟在指令中指示数据地址字节后的第二个字送入 CS,然后把跟在指令中指示数据地址字节后的第一个字送入 IP。

编码: 有以下五种格式。

(1) 段内或群内直接转移:

1	1	1	0	1	0	0	1	disp-low	disp-high

DEST = (IP) + disp

定时(时钟): 7

实例: JMP NEAR_LABEL

(2) 段内直接短转移:

1	1	1	0	1	0	1	1	disp

DEST = (IP) + disp(符号扩展到 16 位)

定时(时钟): 1

实例:

      JMP TARGET_LABEL

      JMP SHORT NEAR_LABEL

注释: 目标标号必须在距离此指令的 $-128\sim+127$ 字节范围内。

(3) 段间直接转移:

1	1	1	0	1	0	1	0	offset-low	offset-high	seg-low	seg-high

DEST = offset, SEG = seg

定时(时钟): 7

实例:

      JMP LABEL_DECLARED_FAR

      JMP FAR PTR LABEL_NAME

      JMP FAR PTR NEAR_LABEL

(4) 段内间接转移:

1	1	1	1	1	1	1	1	mod 1 0 1 r/m

DEST = (EA), SEG = (EA + 2)

定时(时钟)： 16＋EA

实例：

JMP VAR_DOUBLEWORD

JMP DWORD PTR [BX][SI]

JMP ALPHA[BP][DI]

（5）段内或群内间接转移：

1	1	1	1	1	1	1	1	mod 1 0 0 r/m

DEST = (EA)

定时(时钟)： 7

实例：

JMP TABLE[BX]

JMP WORD PTR [BX][DI]

JMP BETA_WORD

JMP AX

JMP SI

JMP BP

;这些指令用命名的寄存器内容去置换指令指示器的内容。这将引起直接到 CS 段位移量指定字节的转移。这种转移与直接段内转移是有区别的,直接段内转移是自相对的,将偏移地址加到 IP 中去。

说明： JMP 指令无条件的将控制转移给目标操作数。这种转移总是相对于 CS 寄存器中段基地址的转移。直接转移指令是直接的使用跟在指令操作码后的位移量字(若为长转移,还有段字),间接转移指令使用跟在指令操作码字节后的字节指定地址单元中的内容。

JNA(Jump if not above)和 JBE(Jump if below or equal)——"不高于"和"低于/等于"转移指令

同"JBE 和 JNA"。

JNAE(Jump if not above nor equal)和 JB(Jump if below)——"不高于/不等于"和"低于"转移指令

同"JB 和 JNAE"。

JNB(Jump if not below)和 JAE(Jump if above or equal)——"不低于"和"高于/等于"转移指令

同"JAE 和 JNB"。

JNC(Jump if no carry)——进位标志为"0"转移指令

操作: 若进位标志为 0,则把这条指令末尾到目标标号之间的距离加到指令指示器中去,以实现转移。若(CF)=1,不发生转移。

if(CF) = 0 then

(IP) ←(IP)+disp(符号扩展到 16 位)

编码:

0	1	1	1	0	0	1	1	disp

定时(时钟): 发生转移　　8

　　　　　　　不发生转移　　4

实例:

    JNB TARGET_LABEL

    JAE TARGET_LABEL

    JNC TARGET_LABEL

标志: 不影响。

说明: 当"不低于"或"高于/等于"时,JNB 或 JAE 指令将控制转移给目标操作数。

注释: 目标标号必须在距离此条指令的 -128~+127 字节的范围内。"在上"和"在下"指的是两个无符号数之间的关系,"大于"和"小于"指的是两个有符号数之间的关系。

JNBE(Jump if not below nor equal)和 JA(Jump if above)——"不低于/不等于"和"高于"转移指令

同"JA 和 JNBE"。

JNE(Jump if not equal)和 JNZ(Jump if not zero)——"不等于"和"不为零"转移指令

操作: 如果零标志复位,则把这条指令末尾到目标标号的距离加到指令指示器 IP 中去。若(ZF)=1 不发生转移。

if(ZF) = 0 then

(IP) ←(IP)+disp(符号扩展到 16 位)

编码:

0	1	1	1	0	1	0	1	disp

定时(时钟)：发生转移   8

不发生转移   4

实例：

```
JNE TARGET_LABEL
JNZ TARGET_LABEL
```

标志：不影响。

说明：当"不等于/不为零"时,JNE 或 JNZ 指令将控制转移给目标操作数。

注释：目标标号必须在距离此条指令的－128～＋127 字节的范围内。"在上"和"在下"指的是两个无符号数之间的关系,"大于"和"小于"指的是两个有符号数之间的关系。

JNG(Jump if not greater)和 JLE(Jump if less or equal)——"不大于"和"小于/等于"转移指令

同"JLE 和 JNG"。

JNGE(Jump if not greater nor equal)和 JL(Jump if less)——"不大于/不等于"和"小于"转移指令

同"JL 和 JNGE"。

JNL(Jump if not less)和 JGE(Jump if greater or equal)——"不小于"和"大于/等于"转移指令

同"JNL 和 JGE"。

JNLE(Jump if not less nor equal)和 JG(Jump if greater)——"不小于/不等于"和"大于"转移指令

同"JG 和 JNLE"。

JNO(Jump on not overflow)——无溢出转移指令

操作：若溢出标志 OF 为 1,不产生转移;若(OF)＝0,则把这条指令末尾到目标标号的距离加到指令指示器 IP 中去,以实现转移。

if (OF) = 0 then

(IP) ←(IP)＋disp(符号扩展到 16 位)

编码：

0	1	1	1	0	0	0	1	disp

定时(时钟)：发生转移   8

　　　　　　不发生转移　　4

实例：

　　　　JNO TARGET_LABEL

标志：不影响。

说明：当运算未产生溢出时，JNO 指令把控制转移给目标操作数。

注释：目标标号必须在距离此条指令的－128～＋127 字节的范围内。

JNP(Jump on no parity)和 JPO(Jump if parity odd)——"无奇偶性"和"奇偶性为奇"转移指令

　　操作：若奇偶性标志 PF 置 1，即最后影响 PF 标志的指令将奇偶性标志置为偶性时，则不发生转移。若(PF)＝0，则把这条指令末尾到目标标号的距离加到指令指示器 IP 中去，以实现转移。

if (PF) ＝ 0 then

　　(IP) ←(IP)＋disp(符号扩展到 16 位)

编码：

0	1	1	0	1	0	1	1	disp

定时(时钟)：发生转移　　8

　　　　　　不发生转移　　4

实例：

　　　　(a) JNP TARGET_LABEL

　　　　(b) JPO TARGET_LABEL

标志：不影响。

说明：当无奇偶性(或奇偶性为奇)时，JNP(或 JPO)将控制转给目标操作数。

注释：目标标号必须在距离此条指令的－128～＋127 字节的范围内。

JNS(Jump on not sign or jump if positive)——"无符号"或"符号标志为零"转移指令

　　操作：若符号标志 SF 没有置 1，则把这条指令末尾到目标标号的距离加到指令指示器 IP 中去，以实现转移。若(SF)＝1，则不发生转移。

if (SF) ＝ 0 then

　　(IP) ←(IP)＋disp(符号扩展到 16 位)

编码：

0	1	1	1	1	0	0	1	disp

定时(时钟)：发生转移　　8

　　　　不发生转移　　4

实例：

　　JNS TARGET_LABEL

标志： 不影响。

说明： 当(SF)＝0 时，JNS 指令将控制转给目标操作数。

注释： 目标标号必须在距离此条指令的－128～＋127 字节的范围内。

JO(Jump on overflow)——溢出转移指令

　　操作： 若溢出标志 OF 为 1，则把这条指令末尾到目标标号的距离加到指令指示器 IP 中去，以实现转移。若(OF)＝0，则不发生转移。

if (OF) = 1 then

　　(IP) ←(IP) + disp(符号扩展到 16 位)

编码：

0	1	1	1	0	0	0	0	disp

定时(时钟)： 发生转移　　8

　　　　　　　　不发生转移　　4

实例：

　　JO TARGET_LABEL

标志： 不影响。

说明： 当溢出标志 OF 置位时，JO 指令将控制转给目标操作数。

注释： 目标标号必须在距离此条指令的－128～＋127 字节的范围内。

JP(Jump on parity)和 JPE(Jump if parity even)——"有奇偶性"和"奇偶性为偶"转移指令

　　操作： 当奇偶性标志 PF 置 1，则把这条指令末尾到目标标号的距离加到指令指示器 IP 中去，以实现转移。若(PF)＝0，则不发生转移。

if (PF) = 1 then

　　(IP) ←(IP) + disp(符号扩展到 16 位)

编码：

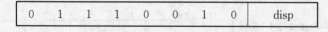

0	1	1	1	0	0	1	0	disp

定时(时钟)： 发生转移　　8

　　　　　　　　不发生转移　　4

实例：

　　JP TARGET_LABEL

JPE TARGET_LABEL

标志：不影响。

说明：当奇偶性标志置位，或奇偶性为偶时，JP 或 JPE 指令将控制转给目标操作数。

注释：目标标号必须在距离此条指令的$-128\sim+127$字节的范围内。

JPE(Jump if parity even)和 JP(Jump on parity)——"奇偶性为偶"和"有奇偶性"转移指令

同"JP 和 JPE"。

JPO(Jump if parity odd)和 JNP(Jump on no parity)——"奇偶性为奇"和"无奇偶性"转移指令

同"JNP 和 JPO"。

JS(Jump on sign)——符号标志置 1 转移指令

操作：若符号标志 SF 为 1，则把这条指令末尾到目标标号的距离加到指令指示器 IP 中去，以实现转移。

if (SF) = 1 then

(IP) ←(IP)+disp(符号扩展到 16 位)

编码：

0	1	1	1	1	0	0	0	disp

定时(时钟)：发生转移　　8

　　　　　　　不发生转移　4

实例：JS TARGET_LABEL

标志：不影响。

说明：当"符号标志置 1"时，JS 指令将控制转给目标操作数。

注释：目标标号必须在距离此条指令的$-128\sim+127$字节的范围内。

JZ(Jump if zero)和 JE(Jump if equal)——"为零"和"等于"转移指令

同"JE 和 JZ"。

LAHF(Load AH from flags)——取标志到 AH 寄存器指令

操作：将标志传送到 AH 寄存器中的指定位中去，符号标志 SF 的状态送入 AH 的第 7 位，零标志 SF 填入 AH 的第 6 位，辅助进位标志 AF 填入 AH 的第 4 位，奇偶性标志 PF 填入 AH 的第 2 位，进位标志 CF 填入 AH 的第 0 位；AH 的第 1、3、5 位是不确定的，有时可能为 1,有时可能为 0。

$$(AH) \leftarrow (SF):(ZF):X:(AF):X:(PF):X:(CF)$$

编码:

1	0	0	1	1	1	1	1

定时(时钟): 4

实例: LAHF

标志: 不影响。

说明: LAHF 指令将标志寄存器中的 SF,ZF,AF,PF 和 CF 标志位传送到 AH 寄存器中的指定位(7、6、4、2、0 位)中去。在把 8080 代码翻译成为 8086 代码时,用这条指令来形成 8086 的相应标志位,X 表示不确定的位。

LDS(Load data segment register)——取指示器到 DS 指令

操作:(1) 用双倍字长存储器操作数的低位地址中的字去置换指定寄存器的内容,即

$$(REG) \leftarrow (EA)$$

(2) 用双倍字长存储器操作数的高位地址中的字去置换 DS 寄存器的内容,即

$$(DS) \leftarrow (EA+2)$$

编码:

1	1	0	0	0	1	0	1	mod reg r/m

当 mod≠11,此指令是有效的(若 mod=11,即寄存器方式,则操作不确定)。

定时(时钟): 16+EA

实例:

```
LDS BX,ADDR_TABLE[SI]
LDS SI,NEWSEG[BX]
```

标志: 不影响。

说明: LDS 指令用来将源操作数中的"指示器-目标"(它是一个包含有偏移地址及段地址的 32 位的目标)传送到"一对寄存器"中去。"指示器-目标"中的段地址传送到 DS 寄存器中。"指示器-目标"中的偏移地址可传送到任何 16 位的通用寄存器、指示器或变地址寄存器中去。

LEA(Load effective address)——取有效地址指令

操作: 用给出的变量或标号或表达式的偏移地址(即有效地址 EA)去取代指定寄存器中原有的内容。

118

(REG) ←EA

编码:

1	0	0	0	1	1	0	1	mod reg r/m

当 mod≠11,存储器操作数有效(若 mod=11,此操作不确定)

定时(时钟): 2+EA

实例:

　　　LEA BX,VARIABLE_7

　　　LEA DX,BETA[BX][SI]

　　　LEA AX,[BP][DI]

标志: 不影响。

说明: LEA 指令将源操作数的偏移地址 EA 传送到目的操作数中去。这里源操作数必须是一个存储器操作数,而目的操作数必须是任一个 16 位的通用寄存器,指示器或变址寄存器。

LEA 指令允许源操作数带下标变量,这对于带 OFFSET 操作符的 MOV 指令是不允许的,而且在随后的操作中,使用已经在段中定义的变量偏移地址是不允许改变的。然而,如果利用最后设置的 ASSUME 伪指令,群是唯一的可能访问的途径,则 LEA 指令将把群的偏移地址计算进去。

LES(Load extra-segment register)——取指示器到附加段寄存器(ES)指令

操作: (1) 用双字存储器操作数的低位字去置换指定寄存器的内容,即

(REG) ←(EA)

(2) 用双字存储器操作数的高位字去置换 ES 寄存器的内容,即

(ES) ←(EA+2)

编码:

1	1	0	0	0	1	0	0	mod reg r/m

当 mod≠11,存储器操作数是有效的(若 mod=11,寄存器操作数不确定)。

定时(时钟): 16+EA

实例:

　　　LES BX,ADDR_TABLE[SI]

　　　LES DI,NEWSEG[BX]

标志: 不影响。

说明: LES 指令将源操作数(必须是存储器操作数)中的"指示器-目标"(它是一个包含有偏移地址及段地址的 32 位的目标)传送到"一对目的寄存器"中去。这里段地址被送

到 ES 附加段寄存器中,偏移地址可送到 16 位通用寄存器指示器、变址寄存器中的任何一个中去。

LOCK——总线锁定前缀

操作: 无

编码:

1	1	1	1	0	0	0	0

定时(时钟): 2

实例: LOCK

标志: 不影响。

说明: 一字节的 LOCK 前缀可以放在任何一条指令的前面,它使处理器在指令执行期间保持"总线锁定"信号 $\overline{LOCK}$。在多处理机系统中,需要用这个前缀来对共享资源进行强迫控制。通常这种方法由操作系统软件来实现,但操作系统要求一定的硬件支援。用"锁定交换"(通称为"检查锁定和置位锁定")的原理就足以完成对共享资源的控制了。

该指令对完成寄存器与存储器交换方面的任务最为有效。用下列的程序段可以实现一个简单的软件锁定任务。

```
Check:MOV AL,1        ;置 AL 为 1(意味着要锁定)
LOCK XCHG Sema,AL    ;检查和置位锁定
     TEST AL,AL       ;根据 AL 置标志位
     JNZ Check        ;若锁定已置位,重测
        ⋮
     MOV Sema,0       ;当完成时,清除锁定
```

LOCK 前缀可与段修改前缀与/或重复前缀 REP 组合起来使用。但要注意与 REP 联用会出现的某些问题。

LODS(Load byte or word string)——取字节串或字串指令

操作: 将源字节(或字)取入 AL(或 AX)寄存器中去,若方向标志 DF 是复位的,则源变址寄存器加 1(或加 2,对字串来说是这样);否则,当 DF 标志置 1 时,SI 减 1(或减 2)。

(DEST)←(SRC)

if (DF) = 0 then (SI)←(SI) + DELTA

else (SI)←(SI) − DELTA

编码:

1	0	1	0	1	1	0	w

(1) if w = 0 then SRC = (SI), DEST = AL, DELTA = 1

(2) else SRC = (SI) + 1 : (SI), DEST = AX, DELTA = 2

定时(时钟)： 12

实例：

   (1) CLD ;清除方向标志 DF,于是 SI 将增量

       MOV SI, OFFSET BYTE_STRING

       LODS BYTE_STRING ;SI←SI + 1

         ⋮

   (2) STD ;置位 DF,于是 SI 将被减量

       MOV SI, OFFSET WORD_STRING

       LODS WORD_STRING ;SI←SI - 2

       ;DF = 1 意味着变量 WORD_STRING 是字符串中最后的或最高地址单元中的字的名称,在 LODS 指令中命名的操作数仅由汇编程序使用,汇编程序用它来验证操作数属性和使用段寄存器内容的可达性。实际上 LODS 只用 SI 去指定那些要将其内容装入累加器的单元,而不用在源指令中给出的名字。

标志： 不影响。

说明： LODS 指令把 SI 寄存器寻址的串元素字节(或字)传送到寄存器 AL(AX)中去,并用 DELTA 去修正 SI 寄存器,以指向串中的下一个元素。由于每次重复该指令时要将累加器 AL(或 AX)中的内容冲掉,只有最后一个元素能保留下来,所以该指令一般是不重复的。

LOOP(Loop or iterate instruction sequence until count complete)——循环或迭代控制指令

操作： 计数寄存器 CX 减 1,若新的 CX 值不为零,则把这条指令末尾到目标标号之间的距离加到指令指示器 IP 中去,以实现转移。若 CX 等于 0,则不产生转移。

(CX)←(CX) - 1

if (CX)≠0 then

   (IP)←(IP) + disp(符号扩展到 16 位)

编码：

1	1	1	0	0	0	1	0

定时(时钟)： 发生转移　　9

             不发生转移　5

实例： 下面的指令序列用来计算一个非 0 数组的"检查和"：

(1)　　　MOV CX, LENGTH ARRAY

        MOV AX, 0

```
           MOV SI,AX
    NEXT: ADD AX,ARRAY[SI]
           ADD SI,TYPE ARRAY
           LOOP NEXT
           MOV CKS,AX
(2)        MOV AX,0
           MOV BX,1
           MOV CX,N ;项目数
           MOV DI,AX
     FIB: MOV SI,AX
           ADD AX,BX
           MOV BX,SI
           MOV FIBONACCI[DI],AX
           ADD DI,TYPE FIBONACCI
     LL:LOOP FIB
```

;从 FIB 到 LL 的指令将被执行 N 次,并将该序列的第一组 N 项目,即 1,1,2,3,5, 8,13,21,…存入 FIBONACCI 数组中去。

标志:不影响。

说明:LOOP 指令将 CX 计数寄存器的内容减 1,若 CX 内容不为 0,将控制转移给目的操作数;否则,不发生转移,顺序执行跟在 LOOP 之后的一条指令。

目标标号必须在距离此条指令的−128~127 字节范围内。

LOOPE(Loop on equal)和 LOOPZ(Loop on zero)——"相等"和"为零"循环指令

操作:计数寄存器(CX)减 1。如果零标志 ZF 置位及(CX)还没有减到零,则把这条指令末尾到目标标号之间的距离加到指令指示器 IP 中去,以实现转移。

如果(ZF)=0 或(CX)=0,则不发生转移。

$(CX) \leftarrow (CX) - 1$

if (ZF) = 1 and (CX) $\neq$ 0 then

  $(IP) \leftarrow (IP) + disp$(符号扩展到 16 位)

编码:

1	1	1	0	0	0	0	1	disp

定时(时钟):发生转移　　11

　　　　　　不发生转移　　5

实例:下面的指令序列用于在一个字节数组中找出第一个非零的项目。

122

```
        MOV CX,LENGTH ARRAY
        MOV SI,-1
NEXT:INC SI
        CMP ARRAY[SI],0
        LOOPE NEXT
        JNE OKENTRY
            :                ;如果整个数组为零,则到此
OKENTRY:                    ;SI 指出哪个项目是非零的项目
```

标志: 不影响。

说明: LOOPE 又称为 LOOPZ 指令,它将 CX 寄存器的内容减 1,若 CX 内容不为 0 及 ZF 标志置位,则将控制转移给目的操作数;否则顺序执行下一条指令。

LOOPNE(Loop on not equal)和 LOOPNZ(Loop on not zero)——"不相等"和"不为零"循环指令

操作: 计数寄存器(CX)减 1。如果新的(CX)不为零且零标志 ZF 是复位的,则把此条指令末尾到目标标号之间的距离加到指令指示器 IP 中去,以实现转移。若(CX)=0 或者若(ZF)=1,则不发生转移。

$(CX) \leftarrow (CX) - 1$

if $(ZF) = 0$ and $(CX) \neq 0$ then

　　$(IP) \leftarrow (IP) + disp$(符号扩展到 16 位)

编码:

1	1	1	0	0	0	0	0	disp

定时(时钟): 发生转移　　11

　　　　　　　不发生转移　5

实例: 下面的指令序列用来求两个二字节数组之和,每个数组的长度为 N。如果同时遇到两个数组中的元素都为零,就停止求和。表达式 SI-1 将给出此"非零和"数组的长度。

```
        MOV AX,0
        MOV SI-1
        MOV CX,N
NONZER:INC SI
        MOV AL,ARRAY1[SI]
        ADD  ,ARRAY2[SI]
        MOV SUM[SI],AX
```

```
        LOOPNZ NONZER
```

下面的指令序列用来从一个"链接表"中找出最后的一个元素,该元素通常用于存放下一个元素的地址,现在是内容为 0 的字。这个字距离每个表元素的起点有一定的字节数。LINK 用来代表这个距离的字节绝对数。

```
    LINK EQU 7
    MOV AX,OFFSET HEAD_OF_LIST
    MOV CX,1000 ;查找的项目最多为 1000 项
NEXT:MOV BX,AX
    MOV AX,[BX]+LINK
    CMP AX,0
    LOOPNE NEXT
```

标志:不影响。

说明:LOOPNE 又称为 LOOPNZ 指令,它将 CX 寄存器的内容减 1,若 CX 内容不为 0,而且 ZF 标志为 0,则循环,即将控制转移给目的操作数;否则,不循环而顺序的执行下一条指令。LOOPNZ 和 LOOPNE 是同一指令的两种符号。

目标标号必须在距离此指令的$-128\sim+127$字节范围内。

LOOPNZ(Loop on not zero)和 LOOPNE(Loop on not equal)——"不为零"和"不相等"循环指令

同"LOOPNE 和 LOOPNI"。

LOOPZ(Loop on zero)和 LOOPE(Loop on equal)——"为零"和"相等"循环指令

同"LOOPE 和 LOOPZ"。

MOV(Move)——传送指令

一共有七种不同类型的传送指令。每种类型又可有多种使用方法,其编码依赖于被传送数据的类型及该数据所在的位置。汇编程序将根据这两个因素来生成正确的指令目标代码。如果目的操作数为寄存器,则指令操作码中相应于 d 的那位应置"1",否则为"0"。如果类型为字,则指令操作码中对应 w 的那位应为"1",否则为"0"。

编码:有以下七种格式。

(1) 从累加器到存储器的数据传送:

1	0	1	0	0	0	0	1	w	addr-low	addr-high

if w = 0 then SRC = AL,DEST = addr else SRC = AX,DEST = addr+1:addr

定时(时钟):$10+EA$

实例：

  MOV ALPHA_MEM,AX

  MOV GAMMA_BYTE,AL

  MOV CS:DATUM_BYTE,AL

  MOV ES:ARRAY[BX][SI],AX

  （CS:和 ES:为前缀字节。产生目标代码时,它将放在这条 MOV 指令的前面）

（2）从存储器到累加器的数据传送：

1	0	1	0	0	0	0	w	addr-low	addr-high

if w = 0 then SRC = addr, DEST = AL else SRC = addr + 1:addr, DEST = AX

定时(时钟)： $8+EA$

实例：

  MOV AX,BETA_MEM

  MOV AL,GAMMA_BYTE

  MOV AX,ES:ARRAY[BX][SI]

  MOV AL,SS:OTHER_BYTE

  （ES:和 SS:为前缀字节,产生目标代码时,它将放在这条 MOV 指令的前面）

（3）从存储器/寄存器操作数到段寄存器的数据传送：

1	0	0	0	1	1	1	0	mod　reg　r/m

if reg≠01 then SRC = EA,DEST = REG 否则操作数不确定。

定时(时钟)： 寄存器到寄存器　　2

      存储器到寄存器　　$8+EA$

实例：

  MOV ES,DX

  MOV DS,AX

  MOV SS,BX

  MOV ES,SS:NEW_WORD[DI]

注意： 在这里把 CS 作为目的操作数是非法的。

（4）从段寄存器到存储器/寄存器的数据传送：

1	0	0	0	1	1	0	0	mod　reg　r/m

SRC = REG, DEST = EA, (DEST)←(SRC)

定时(时钟)：存储器到寄存器　9＋EA

寄存器到寄存器　2

实例：

```
MOV DX,DS
MOV BX,ES
MOV ARRAY[BX][SI],SS
MOV BETA_MEM_WORD,DS
MOV GAMMA,CS    ;在这里 CS 作为源操作数是合法的
```

(5)(a) 从寄存器到寄存器；

(b) 从存储器/寄存器操作数到寄存器；

(c) 从寄存器到存储器/寄存器操作数：

1	0	0	0	1	0	d	w	mod	reg	r/m	addr-low*	addr-high*

if d = 1 then SRC = EA, DEST = REG else SRC = REG, DEST = EA

注：有 * 记号的字节在寄存器到寄存器的传送(当 mod＝11 寄存器方式时)指令中被略去。如：

MOVCX,DX

还有,当存储器地址表达式是寄存器间接寻址且没有变量指定的位移量时,也要略去带 * 记号的字节。如：

MOV [BX][SI],DX

MOV AX,[BP][DI]

定时(时钟)：(a) 2

(b) 8＋EA

(c) 9＋EA

实例：

```
(a) MOV AX,BX
    MOV CL,DH
    MOV CX,DI
(b) MOV AX,MEM_VALUE
    MOV DX,ARRAY[SI]
    MOV DI,MEM[BX][DI]
(c) MOV ARRAY[DI],DX
    MOV MEM_VALUE,AX
    MOV [BX][SI],DI
```

(6) 传送立即数到寄存器：

1	0	1	1	w	reg	data	data-high*

SRC = data, DEST = REG

* 只有当 w＝1 时才有这个字节。

定时(时钟)：4
实例：

     MOV AX,77

     MOV BX,VALUE_14_IMM

     MOV SI,EQU_VAL_9

     MOV DI,618

(7) 传送立即数到存储器/寄存器操作数：

1	1	0	0	0	1	1	w	mod 000 r/m	data	data-high*

SRC = data, DEST = EA

* 只有当 w＝1 时才有这个字节。

定时(时钟)：10＋EA
实例：

     MOV ARRAY[BX][SI],DATA_4

     MOV MEM_BYTE,IMM_BYTE_3

     MOV BYTE PTR [DI],66

     MOV MEM_WORD,1999

     MOV BX,84

     MOV DS:MEM_WORD[BP],3989

(上面指令中的前缀字节 DS:(即 00111110)在传送指令操作码第一字节 1100011w 的前面)

标志：不影响。

MOVS(Move byte string or move word string)——字节串或字串的传送指令

操作：把源字符串的内容传送给目的字符串,源字符串的偏移地址在源变址寄存器 SI 中,目的字符串的偏移地址在目的变址寄存器 DI 中,目的单元必须在附加段中。如果方向标志为 0,则 SI 和 DI 同时增量;否则方向标志 DF＝1,SI 和 DI 同时减量。增量或减量对字节串是 1;而对字串是 2。

(DEST)←(SRC)

if (DF) = 0 then

   (SI)←(SI) + DELTA

$$(DI) \leftarrow (DI) + DELTA$$

else

$$(SI) \leftarrow (SI) - DELTA$$

$$(DI) \leftarrow (DI) - DELTA$$

编码：

1	0	1	0	0	0	1	0	w

if w = 0 then SRC = (SI), DEST = (DI), DELTA = 1

else SRC = (SI) + 1 : (SI), DEST = (DI) + 1 : (DI), DELTA = 2

定时(时钟)： 17

实例：

```
MOV SI, OFFSET SOURCE

MOV DI, OFFSET DEST

MOV CX, LENGTH SOURCE

REP MOVS DEST, SOURCE
```

;上述指令序列可将整个的源字符串传送到附加段中的目的单元中去。源字符串在当前段寄存器指定的段中，目的单元在附加段中。在串操作中 ES 寄存器总是用于 DI 操作数。在字符串操作中指定的操作数只是汇编程序来使用的。汇编程序用它们来验证操作数属性和当前寄存器内容的可达性。实际上 MOVS 指令是把 SI 指向的字节传送到 ES 中 DI 指向的字节单元中去，在这种传送过程中，并不需要使用在 MOVS 源指令中给出的名字。

标志： 不影响。

说明： MOVS 指令将源字符串(由 SI 寻址的)中的字节/字传送到目的字符串单元(由 DI 寻址的且在附加段中的)中去，并用 DELTA 去修正 SI 和 DI 寄存器的内容，使它们指向下一个元素。重复操作时，可进行存储器中的数据块传送。MOVSB/MOVSW 是 MOVS 指令的另一种格式的助记符。

MUL(Multiply accumulator by register-or-memory; unsigned)——无符号数的乘法指令

操作： 用指定的操作数乘以累加器中的数(若为字节，为 AL；若为字，为 AX)。若结果(乘积)的高一半为 0，则将进位标志 CF 和溢出标志 OF 复位；反之，若结果(乘积)的一半不为 0，均将 CF 和 OF 置位。

$$(DEST) \leftarrow (LSRC) * (RSRC) \quad ;此处 * 为无符号乘法$$

multiply

if (EXT) = 0 then (CF) \leftarrow 0

else (CF) \leftarrow 1;

$(OF) \leftarrow (CF)$

编码:

1	1	1	1	0	1	1	w	mod	1 0 0	r/m

(a) if w = 0 then LSRC = AL, RSRC = EA, DEST = AX, EXT = AH

(b) else LSRC = AX, RSRC = EA, DEST = DX : AX, EXT = DX

定时(时钟): 8 位　　71＋EA

　　　　　　16 位　　124＋EA

实例:

　　(a) MOV AL, LSRC_BYTE

　　　　MUL RSRC_BYTE ;结果在 AX 中

　(b1) MOV AX, LSRC_WORD

　　　　MUL RSRC_WORD

　　　　;高一半的结果在 DX 中,低一半的结果在 AX 中

　(b2) 用一个字去乘一个字节

　　　　MOV AL, MUL_BYTE

　　　　CBW ;将 AL 中的字节变换为 AX 中的字

　　　　MUL RSRC_WORD

注意: 上面给出的任何一个存储器操作数可以是一个具有正确属性的变址地址表达式。若 ARRAY 是 BYTE 属性,则 LSRC_BYTE 可以是 ARRAY[SI];若 TABLE 是 WORD 属性,则 RSRC_WORD 可以是 TABLE[BX][DI]。

标志: 影响 CF, OF。

　　　　不确定 AF, PF, SF, ZF。

说明: MUL 指令将 AL(或 AX)累加器中的无符号数与源操作数中的无符号数相乘,把双倍字长的乘积送回累加器及其扩展寄存器中去。对于两个 8 位无符号数的乘法,16 位的乘积在 AL 和 AH 中。对于两个 16 位的无符号乘法,32 位的乘积存入 AX 和 DX 中。如果乘积的高一半(在扩展部分 EXT 中)不为 0,则将 CF 和 OF 都置 1。

NEG(Negate or form 2's complement)——求补码指令

　　操作: 从全 1(对于字节为 0FFH,对于字为 0FFFFH)中减去指定的操作数,然后再加 1,最后将结果存回指定的操作数中去。

　　$(EA) \leftarrow SRC - (EA)$

　　$(EA) \leftarrow (EA) + 1$;影响标志

编码:

| 1 | 1 | 1 | 1 | 0 | 1 | 1 | w | mod 0 1 1 r/m |

if w = 0 then SRC = 0FFH

else SRC = 0FFFFH

定时(时钟): 寄存器　3

存储器　16＋EA

实例:

(a) 若 AL 中的数为 13H(00010011),则指令 NEG AL 使 AL 的内容变为－13H 或者 0EDH(11101101)。

(b) 若 MEM_BYTE 中包含有 0AFH(10101111),则指令 NEG MEM_BYTE 使 MEM_BYTE 中包含有－0AFH 或 51H(01010001)。

(c) 若 SI 中包含有 2FC3H,则指令 NEG SI 使 SI 的内容变为 0D03DH。

标志: 影响 AF,CF,OF,PF,SF,ZF。

说明: NEG 指令执行 0 减去目的操作数的运算,加 1 后并将结果送回该目的操作数,这样就形成了指定操作数的补码。

NOP(No operation)——空操作指令

操作: 无

编码:

| 1 | 0 | 0 | 1 | 0 | 0 | 0 | 0 |

定时(时钟): 3

实例: NOP

标志: 不影响。

说明: NOP 指令使处理器执行空操作。每条 NOP 指令用 3 个时钟,NOP 指令执行完后,接着执行其后继的指令。

NOT(Not or form 1's complement)——求反码或逻辑非指令

操作: 从 0FFH(对字节来说)或从 0FFFFH(对字来说)中减去指定的操作数,并将结果存回指定的操作数中去。

(EA)←SRC－(EA)

编码:

| 1 | 1 | 1 | 1 | 0 | 1 | 1 | w | mod 0 1 0 r/m |

if w = 0 then SRC = 0FFH

else SRC = 0FFFFH

定时(时钟)： 寄存器　3

存储器　16＋EA

实例：

(a) 若 AH 的内容是 13H(00010011)，则指令 NOT AH 使得 AH 变成 0ECH
(11101100)。

(b) 若 MEM_BYTE 中的内容是 0AFH(10101111)，则 NOT MEM_BYTE 指
令使 MEM_BYTE 中变成 50H(01010000)。

(c) 若 DX 中有 2FC3H，则指定 NOT DX 使 DX 中变成 0D0C3H。

标志： 不影响。

说明： NOT 指令建立操作数的反码，并将结果送回操作数。

OR(Or, inclusive)——逻辑或指令

操作： OR 指令对操作数 LSRC(左边的目的操作数)和 RSRC(右边的源操作数)进行
"按位或"操作，并将结果送回目的操作数中去。如果两个操作数中对应的位有一个为
1 或全为 1，则结果位为 1；否则，结果位为 0。该指令使进位标志 CF 和溢出标志 OF
复位。

(DEST)←(LSRC)|(RSRC)

(CF) ←0

(OF) ←0

编码： 有三种格式：

(1) 存储器/寄存器操作与寄存器操作数：

0	0	0	0	1	0	d	w	mod	reg	r/m

if d = 1 then LSRC = REG, RSRC = EA, DEST = REG

else LSRC = EA, RSRC = REG, DEST = EA

定时(时钟)： (a) 寄存器到寄存器　3

(b) 存储器到寄存器　9＋EA

(c) 寄存器到存储器　16＋EA

实例：

(a) OR AH,BL ;结果在 AH 中,BL 不变

OR SI,DX ;结果在 SI 中,BX 不变

OR CX,DI ;结果在 CX 中,DI 不变

(b) OR AX,MEM_WORD

                    OR CL, MEM_BYTE[SI]

                    OR SI, ALPHA[BX][SI]

        (c) OR BETA[BX][DI], AX

             OR MEM_BYTE, DH

             OR GAMMA[DI], BX

（2）立即操作数与累加器：

0 0 0 0 1 1 0 w	data	data if w＝1

（a）if w = 0 then LSRC = AL, RSRC = data, DEST = AL

（b）else LSRC = AX, RSRC = data, DEST = AX

定时(时钟)： 立即操作数到寄存器 4

实例：

        (a) OR AL, 11110110B

             OR AL, 0F6H

        (b) OR AX, 23F6H

             OR AX, 75Q

             OR   , 23F6H

（3）立即操作数与存储器/寄存器操作数：

1 0 0 0 0 0 0 w	mod 0 0 1 r/m	data	data if w＝1

LSRC = EA, RSRC = data, DEST = EA

定时(时钟)： （a）立即操作数到寄存器   4

                  （b）立即操作数到存储器   17＋EA

实例：

        (a) OR AH, 0F6H

             OR CL, 37

             OR DI, 23F5H

        (b) OR MEM_BYTE, 3DH

             OR GAMMA[BX][DI], 0FACEH

             OR ALPHA[DI], VAL_EQUD_33H

标志： 影响 CF, OF, PF, SF, ZF。

        不确定 AF。

说明： OR 指令用来实现两个操作数的"按位逻辑或"操作，并将结果送回到两个操作数之一中去。

OUT(Output byte and output word)——"输出字节和字"指令

操作: 用累加器的内容去置换目的端口中的内容。

(DEST) ←(SRC)

编码: 有两种格式

(1) 固定的端口(直接寻址):

1	1	1	0	0	1	1	w	port

if w = 0 then SRC = AL, DEST = port

else SRC = AX, DEST = port + 1:port

(0<port<255)

定时(时钟): 10

实例:

      OUT BYTE_PORT_VAL,AL ;从 AL 中输出一个字节

      OUT WORD_PORT_VAL,AX ;从 AX 中输出一个字

      OUT 44,AX   ;从 AX 中输出一个字到端口 44

(2) 可变的端口(间接寻址):

1	1	1	0	1	1	1	w

if w = 0 then SRC = AL, DEST = (DX)

else SRC = AX, DEST = (DX) + 1:(DX)

定时(时钟): 8

实例:

      OUT DX,AL ;从 AL 中输出一个字节到DX 指定的可变端口中去

      OUT DX,AX ;从 AX 中输出一个字节到DX 指定的可变端口中去

标志: 不影响。

说明: OUT 指令将 AL(或 AX)中字节(或字)传送到输出端口。端口用指令中的数据字节指定,可访问固定的端口 0~255;或者用 DX 寄存器中的端口地址指定,可访问可变的端口达 64K 个。

POP(Pop word off stack into destination)——从栈中把字弹出到目的操作数的指令

操作:

(1) 用存放在栈顶中的字去替换目的操作数的内容,即

      (DEST) ←((SP) + 1:(SP))

(2) 栈指示器 SP 加 2,即

      (SP) ←(SP) + 2

编码：有以下三种格式。

（1）寄存器操作数：

0	1	0	1	1	1	reg

DEST = REG

定时(时钟)：8

实例：

> POP CX
>
> 汇编程序产生的目标指令码为：01011001
>
> POP DX
>
> 汇编程序产生的目标指令码为：01011010

（2）段寄存器操作数：

0	0	0	reg	1	1	1

if reg≠01 then DEST = REG

否则操作不确定。

注意：POP CS 指令是非法的。

定时(时钟)：8

实例：

> POP SS
>
> 汇编程序产生的目标代码为：00010111
>
> POP DS
>
> 汇编程序产生的目标代码为：00011111

（3）存储器/寄存器操作数：

1	0	0	0	1	1	1	1	mod 0 0 r/m

DEST＝EA

定时(时钟)：存储器　17＋EA

　　　　　　　寄存器　8

实例：

> POP ALPHA
>
> 汇编产生的目标代码为：10001111　00000110　ALPHA addr-lo ALPH addr-hi
>
> POP ALPHA[BX]
>
> 汇编产生的目标代码为：10001111　10000111　ALPHA addr-lo ALPH addr-hi

标志：不影响。

说明：POP 指令将 SP 指向的栈单元中的一个字传送到目的操作数中去,然后将 SP 加 2。

POPF(Pop flags off stack)——标志退栈指令

操作：

Flags ←((SP)+1:(SP))

(SP) ← (SP)+2

将栈顶字中适当的位填入标志寄存器中去,如下所示：

溢出标志　　　　OF—位 11

方向标志　　　　DF—位 10

中断标志　　　　IF—位 9

陷阱标志　　　　TF—位 8

符号标志　　　　SF—位 7

0 标志　　　　　ZF—位 6

辅助进位标志　　AF—位 4

奇偶性标志　　　PF—位 2

进位标志　　　　CF—位 0

然后 SP 再加 2 修正。

编码：

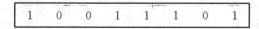

1	0	0	1	1	1	0	1

定时(时钟)：8

实例：POPF

标志：影响所有的标志。

说明：POPF 指令将 SP 指向的栈单元中的内容(16 位)传送到标志寄存器中去,然后 SP 加 2。

PUSH(Push word onto stack)——字进栈指令

操作：

(1) 栈指示器(SP)减 2,即

(SP) ←(SP)-2

(2) 将指令中指定的操作数内容存入 SP 指向的栈顶单元中去,SP 的内容为相对于 SS 基地址的偏移地址。

((SP+1):(SP)) ←(SRC)

编码：有以下三种格式。

135

（1）寄存器操作数（字）：

0	1	0	1	0	reg

定时（时钟）： 10

实例：

        PUSH AX（产生目标代码为 01010000）

        PUSH SI（产生目标代码为 01010110）

（2）段寄存器：

0	0	0	reg	1	1	0

定时（时钟）： 10

实例：

        PUSH SS（产生目标代码为 00010110）

        PUSH ES（产生目标代码为 00000110）

        PUSH ES

注意： PUSH CS 是合法的。

（3）存储器/寄存器操作数：

1	1	1	1	1	1	1	1	mod 110 r/m

定时（时钟）：存储器   16＋EA

              寄存器   10

实例：

        PUSH BETA ;汇编后产生的目标代码如下

        11111111 00 110 110

        PUSH BETA[BX] ;汇编后产生的目标代码如下

        11111111 10 110 111

        PUSH BETA[BX][DI]

        11111111 10 110 001 Beta addr-lo   Beat addr-hi

标志： 不影响。

说明： PUSH 指令将 SP 栈指示器减 2,然后把源操作数中的一个字传送到当前栈指示器 SP 指定的单元中去。

PUSHF（Push flags onto stack）——标志进栈指令

    操作： 栈指示器 SP 减 2,并且将标志寄存器中的内容（16 位）传送到 SP 指定的栈单元中去。

$(SP) \leftarrow (SP) - 2$

$((SP) + 1 : (SP)) \leftarrow Flags$

编码:

1	0	0	1	1	1	0	0

定时(时钟): 10

实例: PUSHF

标志: 不影响。

说明: PUSHF 把 SP 寄存器减 2,并把标志寄存器的内容送进 SP 指定的字操作数(即栈单元)中去。

RCL(Rotate left through carry)——带进位的循环左移指令

操作: RCL 指令将指定的目的操作数(左边的)连同进位一起左移若干(COUNT)位。如果要求左移一位,则 COUNT 操作数应为绝对值 1。或者还可在 CL 中存放一个数来指定左移的次数。

RCL 指令使循环一直继续下去,直到 COUNT 消耗完(即减到 0)为止。CF(进位)标志被当作目的操作数的一部分,也就是说,CF 中原有的值从低位移入目标操作数,而从目标操作数左边的高位移出的值移入 CF 标志。

如果 COUNT 为 1,且初始的目的操作数值的最高两位不相等(一个为 0,一个为 1),则 OF(溢出)标志置位。若最高两位相等(均为 0 或者均为 1),则 OF(溢出)标志复位。

如果 COUNT 不为 1,OF(溢出)标志不确定。

```
  (temp) ←COUNT
do while(temp)≠0
  (tmpcf) ←(CF)
  (CF) ←high-order bit of (EA)
  (EA) ←(EA) * 2 + (tmpcf)
  (temp) ←(temp) - 1
if COUNT = 1 then
  if high-order bit of (EA)≠(CF) then (OF) ←1
  else (OF) ←0
else (OF) undefined
```

编码:

1	1	0	1	0	0	v	w	mod 010 r/m

if v = 0 then COUNT = 1

else COUNT = (CL)

定时(时钟)：(a) 一位寄存器　　　　　　　　　　2

　　　　　　　(b) 一位存储器　　　　　　15＋EA

　　　　　　　(c) 可变位寄存器　　　　　8＋4/bit

　　　　　　　(d) 可变位存储器　　20＋EA＋4/bit

实例：

　　　(a) RCL AH,1

　　　　　RCL BL,1

　　　　　RCL CX,1

　　　　　VAL_ONE EQU 1

　　　　　RCL DX,VAL_ONE

　　　　　RCL SI,VAL_ONE

　　　(b) RCL MEM_BYTE,1

　　　　　RCL ALPHA[DI],VAL_ONE

　　　(c) MOV CL,3

　　　　　RCL DH,CL　　　　;向左循环移位 3 次

　　　　　RCL AX,CL

　　　(d) MOV CL,6

　　　　　RCL MEM_WORD,CL ;循环移位 6 次

　　　　　RCL GANDALF_BYTE,CL

　　　　　RCL BETA[BX][DI],CL

标志：影响 CF,OF。

说明：RCL 指令将目的操作数连同进位标志 CF 一起循环左移 COUNT 位，参看 ROL。

RCR(Rotate right through carry)——带进位的循环右移指令

操作：将指定的目标操作数(左边的)连同进位标志 CF 一起循环左移 COUNT 次。若要循环右移一次，指定的次数要为绝对值 1，或者将合适的循环右移次数取入 CL，然后由 CL 控制移几位。

循环右移一直进行下去，直到 COUNT 消耗完(减到 0)为止。CF 中原先的值从最高位移入目的操作数，目的操作数的最低位移入 CF。

如果 COUNT 为 1，且目的操作数中最高两位的值不相等(一个为 0，一个为 1)，则将溢出标志 OF 置位。如果最高两位相等，OF 被复位。若 COUNT 不是 1，则 OF 不确定。

138

(temp) ←COUNT

do while(temp)≠0

  (tmpcf) ←(CF)

  (CF) ←low-order bit of (EA)

  (EA) ←(EA)/2

  high-order bit of (EA) ←(tmpcf)

  (temp) ←(temp)-1

if COUNT=1 then

  if high-order bit of (EA)≠next-to-high-order bit of (EA)

    then (OF) ←1

  else (OF) ←0

else (OF) undefined

编码:

1	1	0	1	0	0	v	w	mod	0 1 1	r/m

if v=0 then COUNT=1

else COUNT=(CL)

定时(时钟): (a) 一位寄存器　　　　　　　　　　　2

               (b) 一位存储器　　　　　　　　　　15+EA

               (c) 可变寄存器　　　　　　　　　　8+4/bit

               (d) 可变存储器　　　　　　　　　　20+EA+4/bit

实例:

    (a) RCR AH,1

        RCR BL,1

        RCR CX,1

        VAL_ONE EQU 1

        RCR DX,VAL_ONE

        RCR SI,VAL_ONE

    (b) RCR MEM_BYTE,1

        RCR ALPHA[DI],VAL_ONE

    (c) MOV CL,3

        RCR DH,CL　　　　;向右循环移动3次

        RCR AX,CL

    (d) MOV CL,6

        RCR MEM_WORD,CL ;循环右移6次

        RCR GANDALF_BYTE,CL

        RCR BETA[BX][DI],CL

标志: 影响 CF,OF。

说明: RCR 将 EA 操作数中的内容通过进位标志 CF 循环右移 COUNT 位(参看 ROR)。

REP/REPE/REPZ/REPNE/REPNZ(Repeat string operation)——重复或迭代前缀

操作: REP 使串操作重复的执行,每执行一次 CX 内容减 1,直到 CX 内容减到 0 为止。

当零标志 ZF 的值与指令字节中第 0 位的值不相等时,比较串指令 CMPS 和扫描串指令 SCAS 将退出循环。

当(CX)≠0 时,对挂起的中断(若有的话)进行服务,在后继的字节中执行基本串操作,即

(CX) ←(CX)−1

若基本串操作指令为 CMPS 或 SCAS,且(ZF)≠z,则退出此当前循环。

编码:

1	1	1	1	0	0	1	z

定时(时钟): 每次循环需 6 个时钟

实例:

    (a) REP MOVS DEST,SOURCE ;参看 MOVS

    (b) REPE CMPS DEST,SOURCE

        ;只有当(ZF)=1 时,才能在(CX)=0 以前退出循环,也就是只有当(DI)指
        定的字节与(SI)指定的字节相等时,才能退出循环(参看 CMPS)

    (c) REPNZ SCAS DEST   ;参看 SCAS

        ;只有当(ZF)=1 时,即(AL)=DEST,才能在(CX)=0 以前退出循环

    (d) REPNZ (nonzero) = REPNE(not equal)

        REPNZ (zero) = REPE(equal)

标志: 参看每条串操作指令。

说明: 当(CX)不为 0 时,REP(重复或迭代)前缀使其后面跟着的基本串操作指令重复的执行。对于 CMPS 和 SCAS 基本串操作指令来说,在每次基本串操作迭代以后,若 ZF 标志与重复前缀中的"Z"位不等,那么迭代将结束。

重复前缀可以和段修改前缀,和/或 LOCK 前缀联在一起使用,在存在多个前缀的情况下,必须禁止中断,因为从中断返回时,只能返回到指令前面的第一个前缀。

RET(Return from procedure)——返回指令

操作：把栈顶存放的字置入指令指示器 IP(SP 中为栈顶的偏移地址)，SP 加 2，对于段间的返回，再把栈顶的字置入代码段寄存器 CS，SP 再次加 2 修正，如果在 RET 语句中指定了一个立即数，则把这个数加到 SP 中去，即

(IP) ← ((SP) + 1 : (SP))

(SP) ← (SP) + 2

若为段间的返回，则

(CS) ← ((SP) + 1 : (SP))

(SP) ← (SP) + 2

若加立即数到栈指示器，则

(SP) + data

编码： 有四种格式。

(1) 段内返回：

1	1	0	0	0	0	1	1

定时(时钟)： 8

实例： RET

(2) 段内返回并加立即数到栈指示器：

1	1	0	0	0	0	1	0	data-low	data-high

定时(时钟)： 12

实例：

RET 4

RET 12

;RET 指令后的这些数字用来废除以前存入栈中的 2 个和 6 个参数字。由于绝大多数的栈操作都是对字进行的，所以 RET 后跟的立即数通常总是偶数(每个字要占用 2 个字节)。

(3) 段间返回：

1	1	0	0	1	0	1	1

定时(时钟)： 18

实例： RET

(4) 段间返回并加立即数到栈指示器 SP 中去：

1	1	0	0	1	0	1	0	data low	data high

定时(时钟)：17

实例：

　　RET 2 ;段间返回,先恢复 IP,再恢复 CS

　　RET 8

标志：不影响。

说明：RET 指令将控制传给由前面 CALL 指令保存进栈的返回地址处的指令,并可在 RET 之后带任意一个立即常数(偶数),把此立即常数加到栈指示器 SP 中去,以便废除栈中的参数。如果是一次段间的返回(RET),即它是在标明 FAR 的过程情况下汇编的,则这条指令将用栈顶的两个字取代 IP 和 CS 的内容,否则,只用栈顶的一个字,取代 IP 的内容。

当利用间接调用(CALL)时,程序员必须注意保证 CALL 的类型与 RET 的类型是一致的,即

CALL WORD PTR[BX]

不能调用一个 FAR 过程,而

CALL DWORD PTR[BX]

不能调用一个 NEAR 过程。

ROL(Rotate left)——循环左移指令

操作：将指定的目的(左边的)操作数循环左移 COUNT 次。每次移动都是：目的操作数的最高位移入进位标志 CF,而 CF 原有的值丢失；目的操作数中所有的位向左移一位,例如第 3 位的值被第 2 位的值代替,目的操作数中空出的第 0 位用新 CF 值(即目的操作数移入的老最高位的值)填入。

循环左移一直进行下去,直到(COUNT)减到 0 为止。如果 COUNT 为 1,且 CF 的新值不等于新的最高位的值,则溢出标志 OF 置位；若(CF)等于最高位的值,则 OF 变为 0。但是,当 COUNT 不为 1 时,OF 标志是不确定的。

```
(temp) ←COUNT
do while(temp)≠0
  (CF) ←high-order bit of (EA)
  (EA) ←(EA) * 2 + (CF)
  (temp) ←(temp)-1
if COUNT = 1 then
    if high-order bit of (EA)≠ (CF)
      then (OF) ←1
    else (OF) ←0
else (OF) undefined
```

编码：

1 1 0 1 0 0 v w	mod 0 0 0 r/m

if v = 0 then COUNT = 1

else COUNT = (CL)

定时(时钟)：
(a) 一位寄存器   2

(b) 一位存储器   15+EA

(c) 可变寄存器   8+4/bit

(d) 可变存储器   20+EA+4/bit

实例：

  (a) ROL AH, 1

      ROL BL, 1

      ROL CX, 1

      VAL_ONE EQU 1

      ROL DX, VAL_ONE

      ROL SI, VAL_ONE

  (b) ROL MEM_BYTE, 1

      ROL ALPHA[DI], VAL_ONE

  (c) MOV CL, 3

      ROL DH, CL   ;向左循环移位 3 次

      ROL AX, CL

  (d) MOV CL, 6

      ROL MEM_WORD, CL ;左循环移位 6 次

      ROL GANDALF_BYTE, CL

      ROL BETA[BX][DI], CL

标志：影响 CF, OF。

说明：ROL 指令使操作数循环左移 COUNT 次。参看 RCL。

ROR(Rotate right)——循环右移指令

操作：该指令使得指定的目的操作数循环右移 COUNT 次。用目的操作数中最低位的值置换 CF 的值，CF 中原有的值丢失。目的操作数中所有的其他位向右移动，如第 2 位的值被第 3 位的取代。目的操作数中空出的最高位用 CF 的新值(目的操作数第 0 位的老值)填入。

循环右移操作一直进行下去，每循环一次 COUNT 的值减 1，直到 COUNT 减到 0 为止。如果 COUNT 为 1，且新的最高位的值不等于老的最高位的值，则将溢出标志 OF 置

位;如果它们相等,则使(OF)=0。但是,若 COUNT 不为 1,则 OF 标志的状态不确定。

```
    (temp) ←COUNT
do while(temp)≠0
    (CF) ←low-order bit of (EA)
    (EA) ←(EA)/2
    high-order bit of (EA) ←(CF)
    (temp) ←(temp)-1
if COUNT = 1 then
    if high-order bit of (EA)≠ next-to-high-order bit of(EA)
        then (OF) ←1
    else (OF) ←0
else (OF) undefined
```

编码:

1	1	0	1	0	0	v	w	mod 0 0 1 r/m

if v = 0 then COUNT = 1
else COUNT = (CL)

定时(时钟): (a) 一位寄存器　　　　　　　2
　　　　　　　(b) 一位存储器　　　　　　15+EA
　　　　　　　(c) 可变寄存器　　　　　　8+4/bit
　　　　　　　(d) 可变存储器　　　　20+EA+4/bit

实例:
　　　　(a) ROR AH, 1
　　　　　　ROR BL, 1
　　　　　　ROR CX, 1
　　　　　　VAL_ONE EQU 1
　　　　　　ROR DX, VAL_ONE
　　　　　　ROR SI, VAL_ONE
　　　　(b) ROR MEM_BYTE, 1
　　　　　　ROR ALPHA[DI], VAL_ONE
　　　　(c) MOV CL, 3
　　　　　　ROR DH, CL　　　;循环右移 3 次
　　　　　　ROR AX, CL
　　　　(d) MOV CL, 6
　　　　　　ROR MEM_WORD, CL ;循环右移 6 次

```
          ROR GANDALF_BYTE,CL
          ROR BETA[BX][DI],CL
```

标志：影响 CF,OF。

说明：ROR 指令将目的操作数向右移动 COUNT 次。参看 RCR。

SAHF——存 AH 到标志寄存器指令

操作：将累加器高位字节 AH 的内容写到标志寄存器的 7～0 位中去,即用 AH 中的相应位去置换 SF、ZF、AF、PF 和 CF 标志。

(SF) ←AH 的第 7 位

(ZF) ←AH 的第 6 位

(AF) ←AH 的第 4 位

(PF) ←AH 的第 2 位

(CF) ←AH 的第 0 位

(SF):(ZF):X:(AF):X:(PF):X:(CF) ←(AH)

编码：

1	0	0	1	1	1	1	0

定时(时钟)：4

实例：SAHF

标志：影响 AF,CF,PF,SF,ZF。

说明：SAHF 指令将 AH 寄存器中指定的位送入标志寄存器中的 SF、ZF、AF、PF 和 CF 位中去,示有 X 的位可忽略。

SAL(Shift arithmetic left)和 SHL(Shift logical left)——算术左移和逻辑左移指令

操作：将指定的目的(左边的)操作数左移 COUNT 次。它的最高位移入进位标志 CF 中去,而 CF 中原有的值丢失。目的操作数中所有的其他位每次均向左移一位,如第 3 位的值被第 2 位的值取代,空出的最低位中填 0。

移位操作一直进行到将 COUNT 值耗尽为止。若 COUNT 为 1,且 CF 的新值不等于最高位的新值,则将溢出标志置位;若 CF 的新值等于最高位的新值,则 OF 标志被复位 0。但是,若 COUNT 不为 1,则 OF 标志是不确定的,其值不可靠。

(temp) ←COUNT

do while(temp)≠0

(CF) ←high-order bit of (EA)

(EA) ←(EA) * 2

(temp) ←(temp)-1

if COUNT = 1 then

if high-order bit of (EA) ≠ (CF)

then (OF) ←1

else (OF) ←0

else (OF) undefined

编码：

| 1 | 1 | 0 | 1 | 0 | 0 | v | w | mod | 1 0 0 | r/m |

if v = 0 then COUNT = 1

else COUNT = (CL)

定时(时钟)： (a) 一位寄存器   2

              (b) 一位存储器   15＋EA

              (c) 可变寄存器   8＋4/bit

              (d) 可变存储器   20＋EA＋4/bit

实例：

         (a) SHL AH, 1

             SHL BL, 1

             SHL CX, 1

             VAL_ONE EQU 1

             SHL DX, VAL_ONE

             SHL SI, VAL_ONE

         (b) SHL MEM_BYTE, 1

             SHL ALPHA[DI], VAL_ONE

         (c) MOV CL, 3

             SHL DH, CL   ;左移 3 次

             SHL AX, CL

         (d) MOV CL, 6

             SHL MEM_WORD, CL ;左移 6 次

             SHL GANDALF_BYTE, CL

             SHL BETA[BX][DI], CL

标志： 影响 CF, OF, PF, SF, ZF。

         不确定 AF。

说明： SAL(算术左移)和 SHL(逻辑左移)指令将操作数左移 COUNT 次。移位后空出的最低位中填 0。

SAR(Shift arithmetic right)——算术右移指令

操作：将指定的操作数(左边的)向右移 COUNT 次，其最低位移入 CF 标志，而 CF 中原有的值丢失。目的操作数中其他的位依次向右移一次，如第 2 位的值被第 3 位的值取代。空出的最高位保持原来的值不变。也就是说，若最高位的初值为 0，就把 0 移入高位中去。如果最高位的初值为 1，那么在连续右移时就把 1 移入高位中去。算术右移一直进行下去，直到 COUNT 的值耗尽为止。如果 COUNT 是 1 且最高位的值不等于次高位的值，则将溢出标志 OF 置位；如果最高位的值等于次高位的值，则将 OF 复 0。若 COUNT 不为 1，那么 OF 是复 0 的。

$(temp) \leftarrow COUNT$

do while $(temp) \neq 0$

$(CF) \leftarrow$ low-order bit of (EA)

$(EA) \leftarrow (EA)/2$, where $/$ is equivalent to signed division, rounding down

$(temp) \leftarrow (temp) - 1$

if COUNT = 1 then

if high-order bit of $(EA) \neq$ next-to-high-order bit of (EA)

then $(OF) \leftarrow 1$

else $(OF) \leftarrow 0$

else (OF) undefined

编码：

1	1	0	1	0	0	v	w	mod 1 1 1 r/m

if v = 0 then COUNT = 1

else COUNT = (CL)

定时(时钟)： (a) 一位寄存器　　　　　　　　 2

　　　　　　　 (b) 一位存储器　　　　　　 15＋EA

　　　　　　　 (c) 可变寄存器　　　　　　 8＋4/bit

　　　　　　　 (d) 可变存储器　　　　 20＋EA＋4/bit

实例：

　　　　 (a) SAR AH,1

　　　　　　 SAR BL,1

　　　　　　 SAR CX,1

　　　　　　 VAL_ONE EQU 1

　　　　　　 SAR DX,VAL_ONE

　　　　　　 SAR SI,VAL_ONE

　　　　 (b) SAR MEM_BYTE,1

147

           SAR ALPHA[DI], VAL_ONE

    (c) MOV CL, 3

           SAR DH, CL   ;右移 3 次

           SAR AX, CL

    (d) MOV CL, 6

           SAR MEM_WORD, CL ;右移 6 次

           SAR GANDALF_BYTE, CL

           SAR BETA[BX][DI], CL

标志：影响 CF,OF,PF,SF,ZF。

        不确定 AF。

说明：SAR 指令将目的操作数右移 COUNT 次,移入的最高位等于原来的最高位(符号扩展)。

SBB(Subtract with borrow)——带借位的减法指令

操作：从目的(左边的)操作数中减去源(右边的)操作数。如果进位标志为 1,则还要从上面相减的结果中再减去 1,用最后的结果去代替最初的目的操作数。

if(CF) = 1 then (DEST)←(LSRC) − (RSRC) − 1

else (DEST)←(LSRC) − (RSRC)

编码：有以下三种格式。

(1) 存储器/寄存器操作数与寄存器操作数：

0	0	0	1	1	0	d	w	mod reg r/m

if d = 1 then LSRC = REG, RSRC = EA, DEST = REG

else LSRC = EA, RSRC = REG, DEST = EA

定时(时钟)：(a) 从寄存器减去寄存器   3

             (b) 从寄存器减去存储器   9+EA

             (c) 从存储器减去寄存器   16+EA

实例：

    (a) SBB AX, BX

           SBB CH, DL

    (b) SBB DX, MEM_WORD

           SBB DI, ALPHA[SI]

           SBB BL, MEM_BYTE[DI]

    (c) SBB MEM_WORD, AX

           SBB MEM_BYTE[DI], BX

SBB GAMMA[BX][DI],SI

(2) 从累加器中减去立即数与借位：

0	0	0	1	1	1	0	w	data	data if w=1

      (a) if w = 0 then LSRC = AL, RSRC = data, DEST = AL

      (b) else LSRC = AX, RSRC = data, DEST = AX

定时(时钟)：从寄存器中减去立即数及借位 4

实例：

      (a) SBB AL,4

           VAL_SIXTY EQU 60

           SBB AL, VAL_SIXTY

      (b) SBB AX,660

           SBB AX, VAL_SIXTY * 6

           SBB ,6606

(3) 从存储器/寄存器操作数中减去立即数与借位：

1	0	0	0	0	0	s	w	mod	0	1	1 r/m	data	data if s:w=01

LSRC = EA, RSRC = data, DEST = EA

定时(时钟)：(a) 从寄存器中减去立即数和借位   4

             (b) 从存储器中减去立即数和借位   17+EA

实例：

      (a) SBB BX,2001

           SBB CL, VAL_SIXTY

           SBB SI, VAL_SIXTY * 9

      (b) SBB MEM_BYTE,12

           SBB MEM_BYTE[DI], VAL_SIXTY

           SBB MEM_WORD[BX],79

           SBB GAMMA[DI][BX],1984

如从寄存器/存储器字中减去的是立即数字节,则在减之前要对此立即数字节进行符号扩展,成为 16 位的立即数。在这种情况下的指令操作码为 83H(即 S:W 位均为 1)。

标志：影响 AF,CF,OF,PF,SF,ZF。

说明：从目的操作数中减去源操作数。若发现在减时使 CF 置 1,则将结果减 1 后送回目的操作数中去。

SCAS(Scan byte string or scan word string)——搜索字节串或字串指令

操作：从累加器的数值减去附加段中 DI 寻址的字符串元素，但此操作只影响标志。然后使变址寄存器 DI 加 1(如果方向标志 DF 是 0)，或减 1(如果 DF＝1)，对字串，DF 的增/减量为 2。

(LSRC) − (RSRC)

if (DF) = 0 then (DI)←(DI) + DELTA

else (DI)←(DI) − DELTA

编码：

1	0	1	0	1	1	1	w

if w = 0 then LSRC = AL, RSRC = (DI), DELTA = 1

else LSRC = AX, RSRC = (DI) + 1:(DI), DELTA = 2

定时(时钟)： 15

实例：

        (a) CLD ;清除 DF,使 DI 增量

            MOV DI,OFFSET DEST_BYTE_STRING

            MOV AL,'M'

            SCAS DEST_BYTE_STRING

        (b) STD ;置位 DF,使 DI 减量

            MOV DI,OFFSET WORD_STRING

            MOV AX,'MD'

            SCAS WORD_STRING

         ;在 SCAS 指令中指定的操作数只供汇编程序用。汇编程序用它来验证操作

           数的属性和所用的当前段寄存器内容的可达性。这条指令在实际操作中是

           用 DI 寄存器去指定要搜索的单元，而不使用源程序行中指定的操作数。

标志： 影响 AF,CF,OF,PF,SF,ZF。

说明： SCAS 指令从累加器 AL(或 AX)中减去由 DI 寻址的目的操作数中的字节(或字)，不回送结果，只影响标志。在重复操作中，这条指令用于在字符串中查找一个与已知数值相同或不同的值。

SHL(Shift logical left)和 SAL(Shift arithmetic left)——逻辑左移和算术左移指令

    同"SAL 和 SHL"。

SHR(Shift logical right)——逻辑右移指令

操作：将指定的目的(左边的)操作数右移 COUNT 次。目的操作数的最低位移入进

位标志,从而使进位标志原来的值就丢失了。每右移一次,目的操作数中的其他位依次向右移一位,如第 2 位的值被第 3 位的值取代,目的操作数中空出的最高位中填 0。

右移一直继续下去,直到 COUNT 值耗尽为止。如果 COUNT 为 1,且最高位的新值不等于次高位的值,则溢出标志 OF 置 1。如果最高位的新值与次高位的值相等,则 (OF)=0。但是,若 COUNT 不为 1,则 OF 的状态不确定,其值不可靠。

```
(temp) ←COUNT
do while(temp)≠0
    (CF) ←low-order bit of (EA)
    (EA) ←(EA)/2 ,where / is equivalent to unsigned division
    (temp) ←(temp)−1
if COUNT = 1 then
    if high-order bit of (EA)≠ next-to-high-order bit of(EA)
        then (OF) ←1
    else (OF) ←0
else (OF) undefined
```

编码:

1	1	0	1	0	0	v	w	mod 1 0 1 r/m

```
if v = 0 then COUNT = 1
else COUNT = (CL)
```

定时(时钟):
    (a) 一位寄存器   2
    (b) 一位存储器   15+EA
    (c) 可变寄存器   8+4/bit
    (d) 可变存储器   20+EA+4/bit

实例:

```
(a) SHR AH,1
    SHR BL,1
    SHR CX,1
    VAL_ONE EQU 1
    SHR DX,VAL_ONE
    SHR SI,VAL_ONE
(b) SHR MEM_BYTE,1
    SHR ALPHA[DI],VAL_ONE
(c) MOV CL,3
    SHR DH,CL          ;右移 3 次
```

> SHR AX,CL

(d) MOV CL,6

> SHR MEM_WORD,CL ;右移 6 次
>
> SHR GANDALF_BYTE,CL
>
> SHR BETA[BX][DI],CL

标志：影响 CF,OF,PF,SF,ZF。

不确定 AF。

说明：SHR 指令将目的操作数向右移位 COUNT 次。每次右移一位后,往目的操作数的左端(最高位处)补入 0。

STC(Set carry flag)——进位标志置位指令

操作：将进位标志 CF 置 1,即

(CF)←1

编码：

1	1	1	1	1	0	0	1

定时(时钟)：2

实例：STC

标志：影响 CF。

说明：STC 指令用来将 CF 标志置位。

STD(Set direction flag)——方向标志置位指令

操作：将方向标志 DF 置 1,即

(DF)←1

编码：

1	1	1	1	1	1	0	1

定时(时钟)：2

实例：STD;在字符串操作中使 DI(和 SI)减量

标志：影响 DF。

说明：STD 指令用来将 DF 标志置 1,DF=1 在字符串操作中使变址指示器 DI 及 SI 自动减量。

STI(Set interrupt flag)——中断标志置位指令

操作：将中断标志 IF 置位,即

(IF) ←1

编码:

1	1	1	1	1	0	1	1

定时(时钟): 2

实例: STI ;允许中断

标志: 影响 IF。

说明: STI 指令把 IF(中断标志)置1,允许处理器执行完下一条指令后响应来自可屏蔽中断请求线 INTR 的中断请求。

STOS(Store byte string or store word string)——存字节串或存字串指令

操作: 用 AL(或 AX)中的字节(或字)取代附加段中 DI 所指向的单元(字节或字)内容。如果方向标志 DF 是零,则 DI 增量;如果 DF=1,则 DI 减量。增量或减量对字节是1;对字是2。

(DEST) ←(SRC)

if (DF) = 0 then (DI) ←(DI) + DELTA

else (DI) ←(DI) − DELTA

编码:

1	0	1	0	1	0	1	w

if w = 0 then SRC = AL, DEST = (DI), DELTA = 1

else SRC = AX, DEST = (DI) + 1 : (DI), DELTA = 2

定时(时钟): 2

实例:

  (a) MOV DI, OFFSET BYTE_DEST_STRING

    STOS BYTE_DEST_STRING

  (b) MOV DI, OFFSET WORD_DEST

    STOS WORD_DEST

标志: 不影响。

说明: STOS 指令将 AL(或 AX)中的一个字节(或字)传送到附加段中的 DI 指出的单元中去,并根据 DF 的状态对 DI 作 DELTA 的修正以使 DI 指向串中的下一个元素。

重复操作时,该指令可用来将一个字符串中全填满某给定的值。在指令中指定的操作数只供汇编程序用于验证类型和当前段寄存器内容的可访问性。指令的实际操作只用 DI 来指定所要存入的单元。

SUB(Subtract)——减法指令

操作： 从目的（左边的）操作数中减去源（右边的）操作数，并将结果存回目的操作数中。

(DEST) ←(LSRC) − (RSRC)

编码： 有三种格式。

(1) 存储器/寄存器操作数和寄存器操作数：

0	0	1	0	1	0	d	w	mod	reg	r/m

if d = 1 then LSRC = REG, RSRC = EA, DEST = REG

else LSRC = EA, RSRC = REG, DEST = EA

定时(时钟)： (a) 从寄存器中减去寄存器　　　3

　　　　　　　　(b) 从寄存器中减去存储器　　9＋EA

　　　　　　　　(c) 从存储器中减去寄存器　　16＋EA

实例：

　　　(a) SUB AX, BX

　　　　　SUB CH, DL

　　　(b) SUB DX, MEM_WORD

　　　　　SUB DI, ALPHA[SI]

　　　　　SUB BL, MEM_BYTE[DI]

　　　(c) SUB MEM_WORD, AX

　　　　　SUB MEM_BYTE[DI], BL

　　　　　SUB GAMMA[BX][DI], SI

(2) 从累加器中减去立即操作数：

0	0	1	0	1	1	0	w	data	data if w=1

(a) if w = 0 then LSRC = AL, RSRC = data, DEST = AL

(b) else LSRC = AX, RSRC = data, DEST = AX

定时(时钟)： 从寄存器中减去立即数 4

实例：

　　　(a) SUB AL, 4

　　　　　VAL_SIXTY EQU 60

　　　　　SUB AL, VAL_SIXTY

　　　(b) SUB AX, 660

　　　　　SUB AX, VAL_SIXTY * 6

　　　　　SUB , 6606

（3）从存储器/寄存器操作数中减去立即操作数：

1	0	0	0	0	0	s	w	mod	1	0	1	r/m	data	data if s：w=01

LSRC = EA, RSRC = data, DEST = EA

定时(时钟)：（a）从寄存器中减去立即数　　　　　　4

　　　　　　　（b）从存储器中减去立即数　　17＋EA

实例：

　　　（a）SUB BX, 2001

　　　　　　SUB CL, VAL_ SIXTY

　　　　　　SUB SI, VAL_ SIXTY * 9

　　　（b）SUB MEM_ BYTE, 12

　　　　　　SUB MEM_ BYTE[DI], VAL_ SIXTY

　　　　　　SUB MEM_ WORD[BX], 79

　　　　　　SUB GAMMA[DI][BX], 1984

如果从一个寄存器/存储器字中减去一个立即数字节，则在执行减法以前，先要对此字节进行符号扩展，使之成为 16 位的字。在这种情况下，指令操作码字节为 83H（即 S：W 均为 1）。

标志：影响 AF, CF, OF, PF, SF, ZF。

说明： SUB 指令用来执行从目的操作中减去源(右边的)操作数并将结果送回目的操作数。

TEST(Test or logical compare)——检测或逻辑比较指令

操作： TEST 指令对两个操作数(目的和源)执行逻辑"与"操作，只影响标志，结果不回送。原来参加运算的两个操作数均不改变。进位和溢出标志被复位。

(LSRC)&(RSRC)

(CF) ←0

(OF) ←0

编码：有三种格式。

（1）存储器/寄存器操作数与寄存器操作数：

1	0	0	0	0	1	0	w	mod	reg	r/m

LSRC = REG, RSRC = EA

定时(时钟)：（a）寄存器与寄存器　　　　　　3

　　　　　　　（b）寄存器与存储器　　　　　9＋EA

实例：

　　　（a）TEST AX, DX

```
        TEST  ,DX ;同上
        TEST SI,BP
        TEST BH,CL
```

（b）TEST MEM_WORD,SI

```
        TEST MEM_BYTE,CH
        TEST ALPHA[DI],CX
        TEST BETA[BX][SI],CX
        TEST DI,MEM_WORD
        TEST CH,MEM_BYTE
        TEST AX,GAMMA[BP][SI]
```

（2）立即操作数与累加器：

1	0	1	0	1	0	0	w	data	data if w=1

　　（a）if w = 0 then LSRC = AL, RSRC = data

　　（b）else LSRC = AX, RSRC = data

定时(时钟)： 立即数与寄存器 4

实例：

```
        TEST AL,6
        TEST AL,IMM_VALUE_DRIVE11
        TEST AX,IMM_VAL_909
        TEST  ,999
        TEST AX,999 ;同上
```

（3）立即操作数与存储器/寄存器操作数：

1	1	1	1	0	1	1	w	mod 0 0 0 r/m	data	data if w=1

LSRC = EA, RSRC = data

定时(时钟)： （a）立即数与寄存器　　　　4
　　　　　　　　　（b）立即数与存储器　　10＋EA

实例：

　　（a）TEST BH,7

```
        TEST CL,19_IMM_BYTE
        TEST DX,IMM_DATA_WORD
        TEST SI,798
```

　　（b）TEST MEM_WORD,IMM_DATA_BYTE

```
        TEST GAMMA[BX],IMM_BYTE
```

TEST [BP][DI],6ACEH

标志: 影响 CF,OF,PF,SF,ZF。

不确定 AF。

说明: TEST 将两个操作数按位进行逻辑"与",根据"与"的结果影响标志,但不送回结果。该指令可用来清进位和溢出标志。除去 TEST 立即数字节与存储器字的情况以外,通常要求源(右边的)操作数与目的(左边的)操作数有同样的属性,即字节或字。

WAIT(Wait)——等待指令

操作: 无

编码:

1	0	0	1	1	0	1	1

定时(时钟): 3

实例: WAIT

标志: 不影响。

说明: 若 8086 的 $\overline{\text{TEST}}$ 引脚上的信号无效,WAIT 指令使 8086 处理器进入一个等待状态。等待状态可被一个"外部的中断"所中断,这时保存进栈的断点(代码单元)地址为 WAIT 指令所在的单元地址。这样就使得从中断服务返回时,CPU 重新进入等待状态。

当 8086 的 $\overline{\text{TEST}}$ 引脚上的信号有效时,等待状态被清除。同时,恢复执行被暂停的 8086 指令。在恢复执行指令时禁止外部中断,直到执行完下一条指令后才允许外部中断。

WAIT 指令用来使处理器与外部硬件同步。

XCHG(Exchange)——交换指令

有两种 XCHG 指令的格式:一种用于累加器和其他通用字寄存器交换内容;另一种用于寄存器和寄存器(或存储器)操作数交换内容。

操作:

(1) 目的操作数(左边的)的内容,暂时的存入一个内部的工作寄存器

(Temp) ←(DEST)

(2) 用源(右边的)操作数的内容,置换目的操作数的内容

(DEST) ←(SRC)

(3) 将暂存在内部工作寄存器中的目的操作数内容移入源操作数

(SRC) ←(Temp)

编码: 有两种格式。

（1）寄存器操作数与累加器：

1	0	0	1	0	reg

SRC = REG, DEST = AX

定时（时钟）： 3

实例：

  XCHG AX, BX

  XCHG SI, AX

  XCHG CX, AX

（2）存储器/寄存器操作数与寄存器操作数：

1	0	0	0	0	0	1	1	w	mod	reg	r/m

SRC = EA, DEST = REG

定时（时钟）： 存储器与寄存器 17＋EA

      寄存器与存储器 4

实例：

  XCHG BETA_WORD, CX

  XCHG BX, DELTA_WORD

  XCHG DH, ALPHA_BYTE

  XCHG BL, AL

标志： 不影响。

说明： XCHG 指令将源操作数和目的操作数中的字节（或字）进行交换。XCHG 指令操作数中不能用段寄存器。

XLAT(Translate)——换码指令

操作： 用表中的一个字节来取代累加器的内容，必须事先把表的起始地址装入 BX 寄存器中。AL 的初始内容是所要找的表中的字节，距离表的起始地址的字节数。

  (AL) ←((BX) + (AL))

编码：

1	1	0	1	0	1	1	1

定时（时钟）： 11

实例：

  MOV BX, OFFSET TABLE_NAME

  XLAT TABLE_ENTRY

; 参看在 LODS 指令中的实例

标志： 不影响。

说明： XLAT 指令用来执行表查换码操作。AL 寄存器用来作为进入一个基址在 BX 中的表(最多 256 字节长的表)的索引。找到的操作数字节送入 AL 中。

XOR(Exclusive or)——异或指令

操作： XOR 指令对两个操作数进行按位"异或"，若对应位数值相等，则结果位为 0；若对应位不相等，则结果应为 1。

(DEST) ← (LSRC) || (RSRC)

(CF) ← 0

(OF) ← 0

编码： 有三种格式。

(1) 存储器/寄存器与寄存器：

0	0	1	1	0	0	d	w	mod	reg	r/m

if d = 1 then LSRC = REG, RSRC = EA, DEST = REG

else LSRC = EA, RSRC = REG, DEST = EA

定时(时钟)： (a) 寄存器到寄存器　　　　　　3

　　　　　　　(b) 存储器到寄存器　　　　　9+EA

　　　　　　　(c) 寄存器到存储器　　　　　16+EA

实例：

　　　　(a) XOR AH, BL ; 结果在 AH, BL 中不变

　　　　　　 XOR SI, DX ; 结果在 SI, DX 中不变

　　　　　　 XOR CX, DI ; 结果在 CX, DI 中不变

　　　　(b) XOR AX, MEM_WORD

　　　　　　 XOR CL, MEM_BYTE[SI]

　　　　　　 XOR SI, ALPHA[BX][SI]

　　　　(c) XOR BETA[BX][DI], AX

　　　　　　 XOR MEM_BYTE, DH

　　　　　　 XOR GAMMA[DI], BX

(2) 立即操作数到累加器：

0	0	1	1	0	1	0	w	data	data if w=1

if w = 0 then LSRC = AL, RSRC = data, DEST = AL

else LSRC = AX, RSRC = data, DEST = AX

定时(时钟)：立即数到寄存器 4

实例：

    （a）XOR AL,11110110B

        XOR AL,0F6H

    （b）XOR AX,23F6H

        XOR AX,75Q

        XOR ,23F6H ;AX 为目的操作数

（3）立即操作数到存储器/寄存器操作数：

1	0	0	0	0	0	0	0	w	mod 1 1 0 r/m	data	data if w=1

LSRC = EA, RSRC = data, DEST = EA

定时(时钟)：立即数到寄存器   4

          立即数到存储器   17 + EA

实例：

    （a）XOR AH,0F6H

        XOR CL,37

        XOR DI,23F5H

    （b）XOR MEM_BYTE,3DH

        XOR GAMMA[BX][DI],0FACEH

        XOR ALPHA[DI],VAL_EQUD_33H

标志：影响 CF,OF,PF,SF,ZF。

    不确定 AF。

说明：XOR 指令用来实现两个操作数之间的"异或"操作并将结果送回目的操作数中去。

附录二　常用的 DEBUG 命令

DEBUG 程序是专门为汇编语言设计的一种调试工具。它通过单步、跟踪、断点、连续等方式为汇编语言程序员提供了非常有效的调试手段。

一、DEBUG 程序的调用

在 DOS 下，可输入命令：

C＞DEBUG［驱动器］［路径］［文件名］［参数 1］［参数 2］

其中，文件名是被调试文件的名字，它必须是可执行文件（EXE），两个参数是运行被调试文件时所需要的命令参数，在 DEBUG 程序调入后，出现提示符"－"，此时，可键入所需的 DEBUG 命令。

二、常用的 DEBUG 命令

在 DEBUG 调试的过程中，系统默认为十六进制，故不再加 H 后缀。命令可大写或小写，DEBUG 命令对大小写不敏感。可以用＜Ctrl＞＋＜Break＞键来停止一个命令的执行，返回 DEBUG 状态。每个命令只有在回车后才有效。按＜Ctrl＞＋＜NumeLock＞键可暂停移动显示，按任一键继续。在 DEBUG 状态下面，输入"?"可以得到所有DEBUG 命令的使用说明。

1. A 命令

格式：A［地址］

功能：将指令直接汇编成机器码输入到内存中，用于小段程序的汇编及修改目标程序。

参数说明：［地址］指定存放键入汇编语言指令的内存单元的位置。

2. C 命令

格式：C［源地址范围］［目的地址］

功能：比较两内存区域中的内容是否相同。若不同则按字节显示其地址和内容，若相同则不显示任何内容。

参数说明：［源地址范围］指定要比较的内存第一个区域的起始和结束地址，或起始地址和长度。［目的地址］指定要比较的第二个内存区域的起始地址。

3. D命令

格式：D[地址] 或 D[起始地址][目的地址]

功能：以内存映象方式显示内存中的数据。

参数说明：指定要显示内容的内存单元的起始地址和结束地址，或起始地址和长度。如果不指定［地址］，DEBUG 将从以前 D 命令中所指定的地址范围的末尾开始显示 128 个字节的内容；第一次从 DS:100 处开始显示。

4. E命令

格式：E[地址][字节串] 或 E[地址]

功能：从指定的地址开始修改内存值。

参数说明：[地址]指定存放[字节串]第一个内存的位置。[字节串]是要放入内存单元中的数据。

5. F命令

格式：F[地址范围][字节或字节串]

功能：将要填写的字节或字节串填入由地址范围指定的存储器中。

参数说明：[地址范围]指定要填充内存区域的起始和结束地址，或起始地址和长度。[字节或字节串]指定要输入的数据，可以由十六进制数或引号包括起来的字符串组成。

6. G命令

格式：G[=起始地址][[断点]……]

功能：执行正在调试的程序，当达到断点时停止执行，并且显示寄存器标志和下一条要执行的命令。

参数说明：[=起始地址]指定当前在内存中要开始执行的指令所在的内存单元的地址。如果不指定[=起始地址]，DEBUG 将从 CS:IP 寄存器中的当前地址开始执行程序。[[断点]……] 指定可以设置为 G 命令的部分的 1~10 个临时断点。

7. H命令

格式：H[数值][数值]

功能：分别显示两个十六进制数相加的和以及第一个数减去第二个数的差。

参数说明：[数值]表示从 0 到 FFFFH 范围内的任何十六进制数字。

8. I命令

格式：I[端口地址]

功能：从指定的端口输入并显示(用十六进制)指定端口中的数据(字节)。

参数说明：[端口地址]指定要读取数据的端口地址。

9. L命令

格式：L[地址][盘号:][逻辑扇区号][扇区数]

功能：将一个文件或盘的绝对扇区装入存储器。

参数说明：[地址]指定要在其中加载文件或扇区内容的内存空间的起始位置。[盘

号：]指定包含读取指定扇区的磁盘的驱动器。该值是数值型,表示为：0 ＝ A，1 ＝ B,
2 ＝ C,等等。[逻辑扇区号]指定要加载其内容的第一个扇区的十六进制数。[扇区数]
指定要加载其内容的连续扇区的十六进制数。

10. M 命令

格式：M[地址范围][起始地址]

功能：把地址范围内的存储器单元的内容移到起始地址的指定地址中。

参数说明：[地址范围]指定要复制内容的内存区域的起始和结束地址,或起始地址
和长度。[起始地址]指定要将 range 内容复制到该位置的起始地址。

11. N 命令

格式：N[盘号：][路径][文件名][扩展名]

功能：定义 DEBUG 使用的文件。

参数说明：[盘号：][路径][文件名][扩展名]指定文件所在的盘符、路径、文件名
和扩展名。

12. O 命令

格式：O[端口地址][数据]

功能：发送数据(字节)到指定的输出端口。

参数说明：[端口地址]指定要写入数据的端口地址。[数据]指定要向[端口地址]
中写入的字节值。

13. P 命令

格式：P[＝地址][数据]

功能：执行一个子程序调用指令、循环指令、中断指令或一个重复字符串指令,停止
在下一条指令上。

参数说明：[＝地址]指定第一条要执行指令的位置。如果不指定地址,则默认地址
是在 CS:IP 寄存器中指定的当前地址。[数据]指定在将控制返回给 DEBUG 之前要执
行的指令数,默认值为 1。

14. Q 命令

格式：Q

功能：退出 DEBUG 返回 DOS。

参数说明：无参数。

15. R 命令

格式：R[寄存器]

功能：① 显示单个寄存器的内容,并提供修改功能。② 显示所有寄存器内容,再加
上字母标志位状态以及要执行的下一条指令。③ 显示 8 个标志位状态,并提供修改
功能。

参数说明：[寄存器]指定要显示其内容的寄存器名。

16. S 命令

格式：S［地址范围］［字符串］

功能：在指定的地址范围内查找给定的字符串。

参数说明：［地址范围］指定要搜索范围的开始和结束地址。［字符串］指定要搜索的字节值或字符串。字符串应包括在引号中。

17. T 命令

格式：T［＝地址］［指令条数］

功能：逐条跟踪程序的执行，每条指令执行后都将显示各寄存器的内容。

参数说明：［＝地址］指定第一条要执行指令的位置。如果不指定地址，则默认地址是在 CS:IP 寄存器中指定的当前地址。［指令条数］指定在将控制返回给 DEBUG 之前要执行的指令数，默认值为 1。

18. U 命令

格式：U［起始地址］或者［地址范围］

功能：将内存中的内容转换为汇编语句。

参数说明：［起始地址］或者［地址范围］指定要反汇编代码的起始地址和结束地址，或起始地址和长度。

19. W 命令

格式：W［地址］［盘符：］［起始扇区］［扇区数］

功能：将内存中的数据写入磁盘中。

参数说明：［地址］指定要写到磁盘文件的文件或部分文件的起始内存地址。如果不指定地址，DEBUG 程序将从 CS:100 开始。［盘符：］指定包含目标盘的驱动器。该值是数值型：0 ＝ A，1 ＝ B，2 ＝ C，等等。［起始扇区］指定要写入第一个扇区的十六进制数。［扇区数］指定要写入的扇区数。

20. XA 命令

格式：XA［页面数］

功能：分配扩展内存的指定页面数。

参数说明：［页面数］指定要分配的扩展内存的 16 KB 页数。

21. XD 命令

格式：XD［释放的句柄］

功能：释放指向扩展内存的句柄。

参数说明：［释放的句柄］指定要释放的句柄。

22. XM 命令

格式：XM［要映射扩展内存的逻辑页面号］［映射到的物理页面号］［句柄］

功能：将属于指定句柄的扩展内存逻辑页映射到扩展内存的物理页。

参数说明：［要映射扩展内存的逻辑页面号］指定要映射到物理页的扩展内存的逻辑

页面号。[映射到的物理页面号]指定将映射到的物理页面号。[句柄]指定句柄。

23. XS 命令

格式：XS

功能：显示有关扩展内存状态的信息。

参数说明：无参数。

附录三 微机原理与接口 实验箱装置说明

一、系统主要特点

（1）采用主频为 14.77 MHz 的 8088CPU 为主 CPU，并以最小工作方式构成系统。

（2）配有两片 61C256 静态 RAM 构成系统的 64 KB 基本内存，地址范围为 00000H～0FFFFH，其中 00000H～00FFFH 被监控占用。另配一片 W27C512（64K）EP1 存放监控程序，地址范围 F0000H～FFFFFH。还配有一片 W27C512 EP2 存放实验程序，为实验系统独立运行时下载实验程序提供方便。

（3）自带键盘、显示器，能独立运行，为实验程序调试带来方便。

（4）配备 Windows 仿真调试软件，支持机器码、汇编、C 等三种语言的开发和调试。

（5）提供标准 RS232 异步通信口，以连接 IBM-PC 机。

（6）配有各种微机常用 I/O 接口芯片、定时/计数接口芯片 8253、A/D 转换接口芯片 0809、D/A 转换接口芯片 0832、中断控制器 8259、键盘显示接口 8279、并行 I/O 接口芯片 8255、通信接口芯片 8250、8251、485 和 DMA 控制器 8237 等。

（7）配备键盘、数码显示、发光二极管显示、开关量、LED16×16、LCD12864、温度压力、步进电机、直流电机、扬声器等输入输出设备。

（8）带有脉冲发生器、计数器电路、单脉冲发生器等常用电路。

（9）可以单步、断点、全速调试各实验程序。

（10）内置开关电源，为实验提供+5 V/3 A、±12 V/0.5 A 直流稳压电源。

（11）使用环境：环境温度 0℃～+40℃，无明显潮湿，无明显振动碰撞。

（12）配备 USB 接口的电子实验演示装置，通过编制程序，对模拟控制对象进行实时控制。

二、系统资源分配

8088 有 1 MB 存储空间，系统提供用户使用的空间为 00000H～0FFFFH，用于存放、调试实验程序。具体分配如下：

（1）存储器地址分配，如表 A.3.1 所示。

表 A.3.1 存储器地址分配

系统监控程序	F0000H～FFFFFH
监控/用户中断矢量	00000H～0000FH
用户中断矢量	00010H～000FFH
监控数据区	00100H～00FFFH
默认用户栈	00683H
用户数据/程序区	01000H～0FFFFH

(2) I/O 地址分配,如表 A.3.2 所示。

表 A.3.2 I/O 地址分配

地 址	扩展名称	用 途
8000H～8FFFH	自定义	实验用口地址
9000H～9FFFH	自定义	实验用口地址
0FF20H	8155 控制口	写方式字
0FF21H	8155PA 口	字位口
0FF22H	8155PB 口	字形口
0FF23H	8155PC 口	键入口
0FF28H	8255PA 口	扩展用
0FF29H	8255PB 口	扩展用
0FF2AH	8255PC 口	扩展用
0FF2BH	8255 控制口	扩展用
60H	EX1	实验用口地址
70H	EX2	实验用口地址
80H	EX3	实验用口地址

监控占用 00004H～0000FH 作为单步(T)、断点(INT3)、无条件暂停(NM1)中断矢量区,用户也可以更改这些矢量,指向用户的处理,但失去了相应的单步、断点、暂停等监控功能。F0000H～FFFFFH 为监控程序区系统占用。

三、系统安装与使用

(1) 把系统开关设置为出厂模式。

① SW3、SW4、SW5:为键盘/显示选择开关,开关置 ON(出厂模式),键盘/显示控制选择系统配置的 8155 接口芯片,反之为由用户选择自定义的 I/O 接口芯片控制。在本机实验中,除 8279 实验外,键盘/显示为出厂模式。

② KB6:通信选择开关,KB6→SYS-C 为系统通信(出厂模式),KB6→EXT-C 为

扩展通信。

（2）将随机配送的串行通信线，一端与实验仪的 RS232D 型插座 CZ1 相连，另一端与 PC 机 COM1 或 COM2 串行口相连。

（3）接通实验系统电源，＋5 V LED 指示灯应正常发光，实验仪数码管应显示闪动"P."，说明实验仪初始化成功，处于待命状态。（否则应及时关闭电源，待修正常后使用。）

（4）打开 PC 机电源，执行 8086K 的集成调试软件。

四、系统组成和结构

8086K 实验系统由 8088 控制单元、实验单元、电子实验演示装置、开关电源和 8086K 集成调试软件组成。8088 控制单元由 8088CPU、CPLD（1032）、监控 EP1（27512）、内存 RAM1,2 和键盘显示电路组成。实验单元采用一体化、分模块设计，结构合理清晰。电子实验演示装置由单片机、USB 接口和 16 个 I/O 扩展接口（IN0～15，OUT0～15）组成。

1. 系统接口定义

（1）CZ1：MAIN - COM，通信接口（图 A.3.1）。

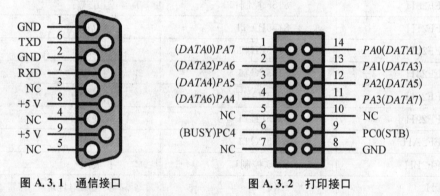

图 A.3.1　通信接口　　　　　　图 A.3.2　打印接口

（2）CZ4：打印接口，如图 A.3.2 所示。

（3）JX0、JX17 为系统提供的数据总线接口（图 A.3.3）。

（4）CZ7：系统提供的扩展接口（图 A.3.4）。

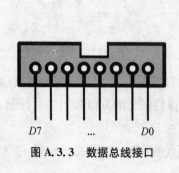

图 A.3.3　数据总线接口

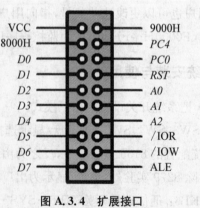

图 A.3.4　扩展接口

(5) JX12、JX14：液晶显示接口，如图 A.3.5。

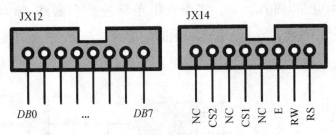

图 A.3.5　液晶显示接口

2. 系统硬件组成

(1) LED 发光二极管指示电路(图 A.3.6)：实验台上包含了 16 只发光二极管及相应驱动电路。L1～L16 为相应发光二极管驱动信号输入端，该输入端为低电平"0"时发光二极管亮。

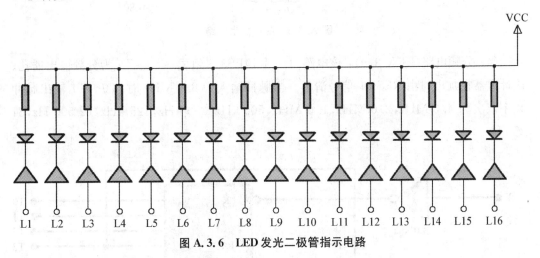

图 A.3.6　LED 发光二极管指示电路

(2) 逻辑电平开关电路(图 A.3.7)。实验台上有 8 只开关 K1～K8，与之相对应的 K1～K8 各引线孔为逻辑电平输出端。开关向上拨相应插孔输出高电平"1"，向下拨相应

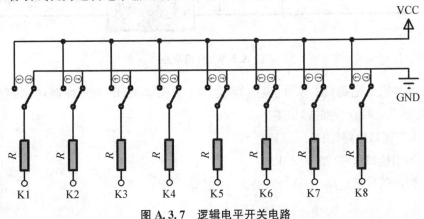

图 A.3.7　逻辑电平开关电路

插孔输出低电平"0"。

（3）单脉冲电路（图 A.3.8）：实验台上单脉冲产生电路，标有" ⎍ "和

" ⎍ "的两个引线插孔为正负单脉冲输出端。AN 为单脉冲产生开关，每拨动一次产生一个单脉冲。

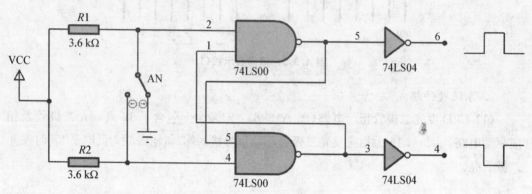

图 A.3.8　脉冲发生电路

（4）分频电路（图 A.3.9）：该电路由一片 74LS393 组成。T0～T7 为分频输出插孔。该计数器在加电时由 RESET 信号清零。当脉冲输入为 8.0 MHz 时，T0～T7 输出脉冲频率依次为 4.0 MHz，2.0 MHz，1.0 MHz，500 kHz，250 kHz，125 kHz，62 500 Hz，31 250 Hz。

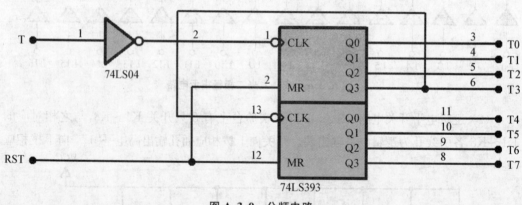

图 A.3.9　分频电路

（5）脉冲发生电路（图 A.3.10）：实验台上提供 8 MHz 的脉冲源，实验台上标有 8 MHz 的插孔，即为脉冲的输出端。

（6）485 接口电路（图 A.3.11）。

（7）通信接口电路（图 A.3.12）。

（8）数码管显示电路（图 A.3.13）。

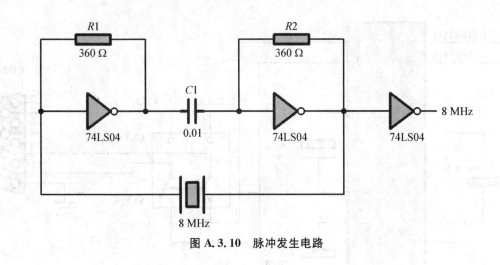

图 A. 3. 10　脉冲发生电路

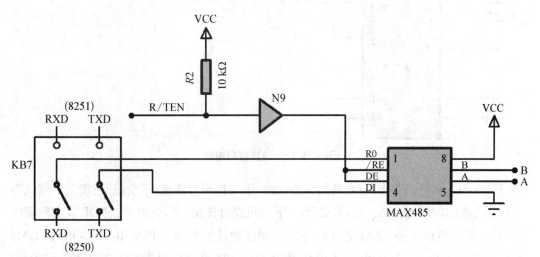

图 A. 3. 11　485 接口电路

五、实验系统与 PC 机联机操作

1. DICE - 8086k 软件概述

（1）该软件适用于 DICE - 8086K、DICE - 8086KA、598K 等实验仪。

（2）该软件运行环境：该软件适宜在安装 Windows95/98/2000/XP/7/10 操作系统的 PC 机上运行。

2. DICE - 8086k 软件安装

运行随机光盘上"DICE - 8086k. EXE"安装文件，根据提示完成软件安装，然后双击桌面上"DICE - 8086k"快捷图标，即可运行 DICE - 8086k 软件。

3. DICE - 8086k 软件启动和联机

双击桌面上"DICE - 8086k"快捷图标，即可运行 DICE - 8086k 软件，屏幕显示

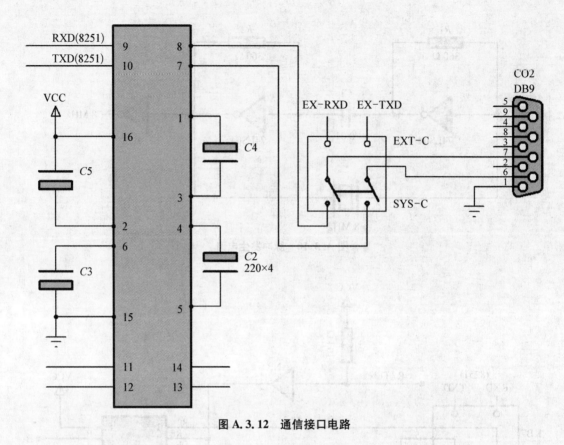

图 A.3.12　通信接口电路

DICE‐8086k 软件的工作窗口,底边状态栏由"下位机没有连接…"变成"连接上下位机",说明联机成功,否则会弹出对话框提示:"下位机没有连接…",此时单击"OK",实验系统和 PC 机处于脱机状态,然后用户根据实际连接硬件的情况来设定串口(COM1、COM2等),设定方法如下:依次单击菜单栏:"设置(X)""通信口设置(Z)""COM1/COM2/COM3/COM4"确定,波特率设为 9600,然后点击"保存设置退出",状态设定后,系统会自动检测连接。如果此时确定端口和波特率设置正确,但系统仍然没有连接,可按以下两种方法解决:① 单击工具栏上的"重新连接"按钮,即可联机;② 复位实验系统,使得数码管上显示监控提示符"P.",然后关闭 DICE‐8086k 软件,重新运行,故障即可排除。

4. DICE‐8086k 软件主窗口

顶部为菜单栏和工具栏,提供调试的全部命令和功能。中间部分为工作窗口区,提供软件调试、寄存器、标志位、存储器、汇编代码对照、编译信息显示等窗口。底部为状态栏,提示软件联机状态等信息。

5. 菜单栏和工具栏命令简介

只要移动鼠标,指向工具栏中选定的图标,即会提示该图标所执行的命令。

(1)文件菜单栏功能介绍:

① 新建文件(F2):单击菜单栏"文件"或工具栏"新建"图标,即会建立一个新的源程

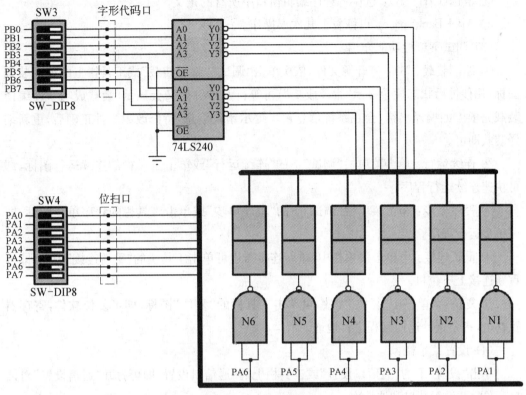

图 A.3.13　数码管显示电路

序编辑窗口,编辑窗口显示"Editor",此时可在此编辑、输入源程序。

② 打开文件(F3):单击菜单栏"文件"或工具栏"打开"图标,弹出"打开文件"的对话框,然后选择要装入的源文件,单击"确定"即可装入源文件。

③ 关闭:单击菜单栏"文件"下的"关闭"即可关闭源程序编辑窗口。

④ 保存:单击菜单栏"文件"下的"保存"或按 Ctrl+S,即可保存文件。保存汇编语言类型的程序文件时,保存类型下拉菜单要选择"ASM files",文件名称输入时要在文件名后添加后缀名".asm"。

⑤ 另存为:单击菜单栏"文件"下的"另存为",可弹出"另存为"对话框,在此可选择新的文件名和保存文件夹,单击"保存"完成保存操作。

⑥ 退出:依次单击"文件""退出"或单击菜单栏上的最后一个门形按钮"关闭按钮"即可退出 DICE-8086k 软件调试环境。

(2) 编辑菜单栏功能介绍:

① 剪贴(Ctrl+X):删除程序中选定的正文,同时将它复制到剪贴板中。

② 复制(Ctrl+C):保留选定的正文,同时将它复制到剪贴板中。

③ 粘贴(Ctrl+V):将剪贴板中内容复制在光标处。

④ 删除(Del):删除选中的正文。

⑤ 全选(Ctrl＋A)：选中源程序编辑窗口中所有的正文。

⑥ Alt＋BackSpace：可恢复上几次误操作。

（3）调试菜单栏功能介绍：

① 编译装载(F9)：打开源文件，依次单击"调试""编译装载"或工具栏上的编译装载图标，几秒钟后状态栏会显示"编译成功"，再等待几秒钟后又会显示"装载成功"，即编译装载完毕。如编译出错，会在系统信息窗口提示错误信息，待修改源文件正确后，重新编译装载即可。

② 连续运行：单击菜单栏"调试"下的"连续运行"或单击工具栏的连续运行图标，即可快速连续运行程序。

③ 程序单步：单击菜单栏"调试"下的"程序单步"或单击工具栏的程序单步图标，即可单步运行程序。

④ 重新连接：可单击菜单栏中"重新连接"，也可单击工具栏的"重新连接"图标，即可重新连接上下位机。

⑤ 复位：菜单栏中"复位"无效，可单击工具栏的"复位"图标，即可复位软件，寄存器置初值，指令指针返回到程序首地址。

（4）设置菜单栏：

单击"设置"下的"通信口设置"或工具栏上的"通信口设置"即可打开"通信设置"对话框，在此可设置端口和波特率。

（5）窗口菜单栏：

此菜单可设置窗口的排列顺序，可打开相应的工作窗口。

参 考 文 献

[1] 朱清慧,张凤蕊,瞿天嵩,王志奎. Proteus 教程——电子线路设计、制版与仿真[M]. 3 版. 北京：清华大学出版社,2016.

[2] 葛桂萍. 微机原理学习与实践指导[M]. 2 版. 北京：清华大学出版社,2016.

[3] 刘万松,曹晓龙. 微型计算机原理及应用试验教程[M]. 成都：西南交通大学出版社,2013.

[4] 杨邦华,马世伟,刘廷章,汪西川. 微机原理与接口技术[M]. 2 版. 北京：清华大学出版社,2013.

[5] 启东计算机总厂有限公司. DICE‐8086K 微机接口原理实验指导书.

[6] 周润景,李楠. 基于 PROTEUS 的电路设计、仿真与制版[M]. 2 版. 北京：电子工业出版社,2018.

[7] 中村和夫,井出裕巳. INTEL 8086 微处理器应用入门[M]. 陆玉库,译. 北京：电子工业出版社,1983.